中等职业教育 *中餐烹饪与营养膳食* 专业系列教材

菜点围边与装饰

主　审　李小华
主　编　张桂芳
副主编　蔡圣明　周延河
参　编　陈凤琴　殷佳妮　王　芳　陆　集
菜肴围边制作　徐佳杰　任德峰
点心围边制作　安　斌　邓修青
编审人员　龚红兵　傅　瑜　范旭华　赵鸿金　王艳芬
　　　　　王慧琦　林　晔　王伟荣　王　铠　尹泽宇

重庆大学出版社

内容提要

本书由两大模块、26个任务组成，具体内容为：模块1，菜肴盘饰制作；模块2，点心盘饰制作。在模块1菜肴盘饰制作中，运用新原料、新工艺、新技术，盘饰的制作美观且操作简便。模块2点心盘饰制作部分又分为植物类装饰和动物类装饰两个部分。在动物类装饰部分，为了方便学习，配备了制作视频。读者通过扫描二维码，可以更直观地学习面塑捏制技巧。本书重点培养学生的动手能力，条理清晰，易读易懂，学生通过任务实施学习专业知识和技能，系统掌握菜点盘饰制作技术。

图书在版编目（CIP）数据

菜点围边与装饰 / 张桂芳主编. -- 重庆：重庆大学出版社，2020.10
中等职业教育中餐烹饪与营养膳食专业系列教材
ISBN 978-7-5689-1477-2

Ⅰ.①菜… Ⅱ.①张… Ⅲ.①食品—装饰雕塑—中等专业学校—教材 Ⅳ.①TS972.114

中国版本图书馆CIP数据核字（2019）第036862号

中等职业教育中餐烹饪与营养膳食专业系列教材

菜点围边与装饰

主　编　张桂芳
副主编　蔡圣明　周延河
策划编辑　沈　静

责任编辑：李桂英　万清菊　　　版式设计：博卷文化
责任校对：王　倩　　　　　　　责任印制：张　策

＊

重庆大学出版社出版发行
出版人：饶帮华
社址：重庆市沙坪坝区大学城西路21号
邮编：401331
电话：（023）88617190　88617185（中小学）
传真：（023）88617186　88617166
网址：http://www.cqup.com.cn
邮箱：fxk@cqup.com.cn（营销中心）
全国新华书店经销
重庆巍承印务有限公司印刷

＊

开本：787mm×1092mm　1/16　印张：8.75　字数：221千
2020年10月第1版　　2020年10月第1次印刷
印数：1—3 000
ISBN 978-7-5689-1477-2　定价：39.00元

前　言

随着我国科技进步、产业结构调整以及市场经济不断发展，各种新兴职业不断涌现，传统职业知识和技术越来越多地融入当代新知识、新技术、新工艺。为适应新时代的发展，优化劳动力素质，我们结合中式烹饪制作的特点，运用多媒体手段编写了本书。本书根据近几年职业教育课程开发改革要求，理论与实践相结合，项目教学以典型任务为载体，扩充学生的专业知识，重视教学评价环节，紧跟时代的步伐，改变了传统专业教材的枯燥乏味，图文并茂，文字简练，重、难点清晰，便于掌握，贴近职业学校学生的实际需求。

"菜点围边与装饰"是中等职业教育中餐烹饪与营养膳食专业的一门选修课程。本课程旨在培养中餐厨师，为企业中餐烹饪岗位培养储备人才。本书也是广大热爱中西式烹饪制作的读者的必备教材。通过阅读本书，中西菜肴制作人员能加深对"菜点围边与装饰"的了解，加快对菜肴装饰美化的学习和掌握，提高从业人员对菜点装盘整体美感的设计能力，加强中餐厨师对菜点装盘美化的重视。

本书以任务引领的方式展开编写，以"烹饪专业工作任务与职业能力分析"为依据设置。编写思路突破了以往不突出动手能力的传统教材模式，转变为以能力为主线的学习模式。本课程以就业为导向确定教学模块，以行业专家对烹饪专业"菜点围边与装饰"制作的工作任务与职业能力分析结果为依据设计，以菜肴、点心围边装饰制作为线索。教材内容的选取依据完成工作任务的需要循序渐进，以满足职业能力的培养要求，同时充分考虑中等职业教育对理论知识学习的需要，融合了烹饪的职业标准对知识、技能和态度的要求。

每个模块的学习都以菜点围边与装饰制作工艺作为活动的载体，以工作任务为中心整合理论与实践，实现做、学一体化。编写过程中，按学生的认知特点，采用理论与实践相结合的形式展示教学内容，通过示范、实操、分析、评定等组织教学，建立工作任务与知识、技能的联系，增强学生的直观体验，激发学生的学习兴趣，倡导学生在任务活动中学会对产品的理解和制作，培养学生具备该岗位的基本职业能力。

本书有两大模块，26个任务，具体内容为：模块1，菜肴盘饰制作；模块2，点心盘饰制作。本书重点培养学生的动手能力，条理清晰，易读易懂，学生通过任务实施来学习专业知识和技能，系统掌握菜点盘饰制作技术。

本书内容充分反映当前餐饮行业的发展趋势，较好地体现了菜品的文化性、艺术性、欣赏性，一道菜点的烹饪口味固然重要，然而一道菜点的观感更为大家重视，盘饰的摆放具有美感能增进宾客食欲。聘请编写上海市烹饪职业标准和职业资格鉴定题库开发的专家，以及相关行业的专家参与教材的编审工作，保证了教材和企业的岗位需求紧密衔接。

本书也得到上海市商贸旅游学校及相关企业专家的大力支持和帮助，在此表示感谢！

编　者
2020年5月

Contents

目 录

菜肴盘饰制作

任务1 菜肴装饰围边1

[任务描述]

一盘菜肴除了口味和形态好以外，摆盘装饰也很重要。漂亮的围边装饰可以为菜肴增加附加值，激发大家的食欲。今天我们就用水果、蔬菜等食材来学做围边装饰菜肴的盘饰。

[学习目标]

1. 会按照菜肴的特点选择盘子。
2. 会选择装饰食材。
3. 能借助模具方便地装饰。
4. 掌握切、雕基础操作技能。

[任务实施]

边看边想　　边做边学　　总结归纳　　拓展提升

[边看边想]

你知道吗？制作菜肴装饰围边1需要的用具、原料如下：

用　具：批刀1把、圆形刻模大小各1只、裱花头1只、裱花袋1个。

原　料：黄心红薯1只、红樱桃1个、心里美萝卜1只、荷兰芹1小棵、麦芽1根、巧克力酱1瓶、猕猴桃酱1瓶。

[知识链接]

哪些食材常用于装饰围边？

蔬菜、水果、巧克力酱、面塑等。

菜肴装饰围边操作步骤：

选择盘子 → 选用食材 → 切配、雕刻 → 美化装饰

用何种加工方法？

切、刻、雕、裱。

[成品要求]

色泽：红、绿、咖啡色。

形态：饱满，高低有致。

位置：盘子左边角。

[边做边学]

操作步骤

一、操作指南

 **操作前的准备**

用具：批刀1把、圆形刻模大小各1只、裱花头1只、裱花袋1个。

原料：黄心红薯1只、红樱桃1个、心里美萝卜1只、荷兰芹1小棵、麦芽1根、巧克力酱1瓶、猕猴桃酱1瓶。

🍲 步骤

序 号 Number	流 程 Step	图 解 Comment	安全/质量 Safety/Quality
1	将黄心红薯上笼蒸熟，待凉后，去皮。		用批刀刮压成泥，放入有裱花头的裱花袋中，待用。
2	用批刀将心里美萝卜横切为宽度4毫米的厚片，用圆形大模具按压出一个圆形片。		用小一号模具在圆形片中按压出一个小圆，取出内心圆的心里美萝卜，待用。
3	取白色方形平盆，先在左上角用放入红薯泥的裱花袋裱出一朵花。		在红薯泥的中间放红樱桃。
4	插入一棵荷兰芹和一根麦芽。用巧克力酱和猕猴桃酱按图挤画出流畅的线条和圆点。		将刻好模具的心里美萝卜圈竖插在红薯泥上，作品完成。

二、实操演练

（一）任务分配

1. 学生分为4组，每组发一套辅助原料及制作用具，学生先准备好食材，便于摆盘装饰用。

2. 学生自己选择盘子、选用食材、切配雕刻、美化装饰。

3. 学生根据教师教学的操作步骤，进行切配、雕刻、摆盘、美化装饰。

（二）操作条件

工作场地为一间30平方米的实训室，所需物品：砧板8个、瓷盘8只、辅助工具8套、工作服15件、原材料等。

（三）操作标准

操作台面干净，选盘恰当，装饰美观。

（四）安全须知

切配、雕刻时不要伤到手，正确安全使用工具。

三、技能测评

表1-1

被评价者：_____

训练项目	训练重点	评价标准	小组评价	教师评价
菜肴装饰围边1	选择盘子	正确选择盘子，按要求选择盘子的色泽。	Yes☐/No☐	Yes☐/No☐
	选用食材	正确选用原料，按要求配制食材。	Yes☐/No☐	Yes☐/No☐
	切配雕刻	按照要求切配，掌握雕刻的技巧及工具的使用。	Yes☐/No☐	Yes☐/No☐
	美化装饰	盘饰摆放的位置恰当，色泽搭配合理，能体现美感。	Yes☐/No☐	Yes☐/No☐
	操作规范	按步骤操作，正确掌握配制手法，符合操作规范。	Yes☐/No☐	Yes☐/No☐
	安全卫生	注意操作安全，台面整洁，盘子卫生。	Yes☐/No☐	Yes☐/No☐

评价者：_____

日　　期：_____

[总结归纳]

总结教学重点，提炼操作要领

小组共同合作完成任务，通过菜肴装饰围边1的制作，掌握食材的选用及摆盘装饰手法，把食材按菜肴装饰围边1要求进行加工美化装饰，以后可以制作不同形态的盘饰。在完成任务的过程中，学生学会共同合作，自己动手制作，把作品转化为产品，为企业争创经济效益。

[重点要领]

教学重点

食材选用，配制合理，摆盘美化手法。

操作要领

盘子正确选择，食材合理选用。

选择摆盘位置，刀工必须精细。

摆盘根据需要，装饰美化要美。

操作手法正确，注意安全卫生。

[拓展提升]

思维的拓展，技能的提升

一、思考回答

1. 菜肴装饰围边1还可以摆放哪些造型？

2. 菜肴装饰围边1是否可以用其他原料制作？

二、作业

1. 每人回家制作一份菜肴装饰围边1盘饰。

2. 每人创意制作一款不同于菜肴装饰围边1的盘饰。

任务2　菜肴装饰围边2

[任务描述]

一盘菜肴除了口味和形态好以外，摆盘装饰也很重要。漂亮的围边装饰可以为菜肴增加附加值，激发大家的食欲。今天我们就用水果、蔬菜等食材来学做围边装饰菜肴的盘饰。

[学习目标]

1. 会按照菜肴的特点选择盘子。

2. 会选择装饰食材。

3. 能借助模具方便地装饰。

4. 掌握切、雕基础操作技能。

[任务实施]

边看边想 —— 边做边学 —— 总结归纳 —— 拓展提升

[边看边想]

相关知识介绍

你知道吗？制作菜肴装饰围边2需要的用具、原料如下：

用　具：批刀1把、裱花头1只、裱花袋1个。

原　料：京葱1根、樱桃小萝卜1个、土豆粉50克、韭菜花2根、丽格海棠1朵、罗勒叶1朵。

[知识链接]

哪些食材常用于装饰围边？

蔬菜、水果、巧克力酱、面塑等。

菜肴装饰围边操作步骤：

选择盘子—→选用食材—→切配、雕刻—→美化装饰

用何种加工方法？

切、刻、雕、裱。

[成品要求]

色泽：红、绿、咖啡色。

形态：饱满，高低有致。

位置：盘子左边角。

[边做边学]

操作步骤

一、操作指南

操作前准备

用具：批刀1把、裱花头1只、裱花袋1个。

原料：京葱1根、樱桃小萝卜1个、土豆粉50克、韭菜花2根、丽格海棠1朵、罗勒叶1朵。

步骤

序　号 Number	流　程 Step	图　解 Comment	安全/质量 Safety/Quality
1	将京葱横放在砧板上，用批刀以30°斜切成厚度5毫米的厚片。		将每一片厚片分开，呈椭圆形，放入清水中泡去腥辣味，待用。
2	土豆粉中加入适量的热水，迅速搅拌均匀，呈泥状冷却待用。		放入裱花袋中。
3	用批刀将樱桃小萝卜切成厚度1.5毫米的片。		放入水中浸泡2分钟擦干待用。
4	取圆形白色平盆，在顶部位置用放入土豆泥的裱花袋裱出一朵土豆泥花，将京葱圈以扇形插入土豆泥花靠后的位置。		依次将丽格海棠、罗勒叶和樱桃萝卜片摆放在土豆泥花上，最后在樱桃萝卜片后面的空隙处插入两根韭菜花，作品完成。

二、实操演练

（一）任务分配

1. 学生分为4组，每组发1套辅助原料及制作用具，学生先准备好食材，便于摆盘装饰用。

2. 学生自己选择盘子、选用食材、切配雕刻、美化装饰。

3. 学生根据教师教学的操作步骤，进行切配、雕刻、摆盘、美化装饰。

（二）操作条件

工作场地为一间30平方米的实训室，所需物品：砧板8个、瓷盘8只、辅助工具8套、工作服15件、原材料等。

（三）操作标准

操作台面干净，选盘恰当，装饰美观。

（四）安全须知

切配、雕刻时不要伤到手，正确安全使用工具。

三、技能测评

表1-2

被评价者：＿＿＿＿＿＿＿＿＿

训练项目	训练重点	评价标准	小组评价	教师评价
菜肴装饰围边2	选择盘子	正确选择盘子，按要求选择盘子的色泽。	Yes□/No□	Yes□/No□
	选用食材	正确选用原料，按要求配制食材。	Yes□/No□	Yes□/No□
	切配雕刻	按照要求切配，掌握雕刻的技巧及工具的使用。	Yes□/No□	Yes□/No□
	美化装饰	盘饰摆放的位置恰当，色泽搭配合理，能体现美感。	Yes□/No□	Yes□/No□
	操作规范	按步骤操作，正确掌握配制手法，符合操作规范。	Yes□/No□	Yes□/No□
	安全卫生	注意操作安全，台面整洁，盘子卫生。	Yes□/No□	Yes□/No□

评价者：＿＿＿＿＿＿＿＿＿

日　期：＿＿＿＿＿＿＿＿＿

[总结归纳]

总结教学重点，提炼操作要领

小组共同合作完成任务，通过菜肴装饰围边2的制作，掌握食材的选用及摆盘装饰手法，把食材按菜肴装饰围边2要求进行加工美化装饰，以后可以制作不同形态的盘饰。在完成任务的过程中，学生学会共同合作，自己动手制作，把作品转化为产品，为企业争创经济效益。

[重点要领]

教学重点

食材选用配制合理，摆盘美化手法。

操作要领

盘子正确选择，食材合理选用。

选择摆盘位置，刀工必须精细。

摆盘根据需要，装饰美化要美。
操作手法正确，注意安全卫生。

[拓展提升]

思维的拓展，技能的提升

一、思考回答

1. 菜肴装饰围边2还可以摆放哪些造型？
2. 菜肴装饰围边2是否可以用其他原料制作？

二、作业

1. 每人回家制作一份菜肴装饰围边2盘饰。
2. 每人创意制作一款不同于菜肴装饰围边2的盘饰。

任务3　菜肴装饰围边3

[任务描述]

一盘菜肴除了口味和形态好以外，摆盘装饰也很重要。漂亮的围边装饰可以为菜肴增加附加值，激发大家的食欲。今天我们就用水果、蔬菜等食材来学做围边装饰菜肴的盘饰。

[学习目标]

1. 会按照菜肴的特点选择盘子。
2. 会选择装饰食材。
3. 能借助模具方便地装饰。
4. 掌握切、雕基础操作技能。

[任务实施]

边看边想　边做边学　总结归纳　拓展提升

[边看边想]

相关知识介绍

你知道吗？制作菜肴装饰围边3需要的用具、原料如下：

用　具：批刀1把、圆形刻模大小各1只、裱花头1只、裱花袋1个。

原　料：鸡蛋细卷面1卷、蓬莱松1小棵、荷兰芹1小棵、三色堇花2朵、红色绣球花2朵、巧克力酱1瓶、杜果酱1瓶、海苔片、蛋液、澄面团。

[知识链接]

哪些食材常用于装饰围边？

蔬菜、水果、巧克力酱、面塑等。

菜肴装饰围边操作步骤：

选择盘子 → 选用食材 → 切配、雕刻 → 美化装饰

用何种加工方法。

切、刻、雕、裱。

[成品要求]

色泽：红、绿、咖啡色。

形态：饱满、高低有致。

位置：盘子左边角。

[边做边学]

操作步骤

选择盘子 → 选用食材 → 切配雕刻 → 美化装饰

一、操作指南

🍲 操作前准备

用具：批刀1把、圆形刻模大小各1只、裱花头1只、裱花袋1个。

原料：鸡蛋细卷面1卷、蓬莱松1小棵、荷兰芹1小棵、三色堇花2朵、红色绣球花2朵、巧克力酱1瓶、杜果酱1瓶、海苔片、蛋液、澄面团。

🍲 步骤

序　号 Number	流　程 Step	图　解 Comment	安全/质量 Safety/Quality
1	将鸡蛋面截为20个长为12厘米的段。将海苔片用剪刀剪成宽5毫米、长6厘米的长条。		将海苔长条的一面涂上蛋液，绕绑在鸡蛋面段的一端，另一端用同样的方法，也用海苔绑好。
2	开火加热油锅，待四成油温（120℃）时，将绑好海苔的面段放入油锅，用筷子两头夹住绑海苔的地方。		待面条变软后，慢慢用力将面段向外拗弯，呈C形后，继续固定造型直到面段呈淡金黄色捞出、沥油，待用。
3	将澄面用热水搅拌均匀，和面待用。		面团调制，软硬度适中。
4	取白色圆形平盆，在弧形边缘处，用巧克力酱和杜果酱按图挤画出流畅的线条和圆点。在线条中间放上一小团澄面。		先将炸制好的面条段放在澄面面团上，然后在面段中插入蓬莱松、荷兰芹，最后按照圆形点缀三色堇花和绣球花，作品完成。

二、实操演练

（一）任务分配

1. 学生分为4组，每组发1套辅助原料及制作用具，学生先准备好食材，便于摆盘装饰用。

2. 学生自己选择盘子、选用食材、切配雕刻、美化装饰。

3.学生根据教师教学的操作步骤，进行切配、雕刻、摆盘、美化装饰。

（二）操作条件

工作场地为一间30平方米的实训室，所需物品：砧板8个、瓷盘8只、辅助工具8套、工作服15件、原材料等。

（三）操作标准

操作台面干净，选盘恰当，装饰美观。

（四）安全须知

切配、雕刻时不要伤到手，正确安全使用工具。

三、技能测评

表1-3

被评价者：_____

训练项目	训练重点	评价标准	小组评价	教师评价
菜肴装饰围边3	选择盘子	正确选择盘子，按要求选择盘子的色泽。	Yes□/No□	Yes□/No□
	选用食材	正确选用原料，按要求配制食材。	Yes□/No□	Yes□/No□
	切配雕刻	按照要求切配，掌握雕刻的技巧及工具的使用。	Yes□/No□	Yes□/No□
	美化装饰	盘饰摆放的位置恰当，色泽搭配合理，能体现美感。	Yes□/No□	Yes□/No□
	操作规范	按步骤操作，正确掌握配制手法，符合操作规范。	Yes□/No□	Yes□/No□
	安全卫生	注意操作安全，台面整洁，盘子卫生。	Yes□/No□	Yes□/No□

评价者：_____

日　期：_____

[总结归纳]

总结教学重点，提炼操作要领

小组共同合作完成任务，通过菜肴装饰围边3的制作，掌握食材的选用及摆盘装饰手法，把食材按菜肴装饰围边要求进行加工美化装饰，以后可以制作不同形态的盘饰。在完成任务的过程中，学生学会共同合作，自己动手制作，把作品转化为产品，为企业争创经济效益。

[重点要领]

教学重点

食材选用，配制合理，摆盘美化手法。

操作要领

盘子正确选择，食材合理选用。

选择摆盘位置，刀工必须精细。

摆盘根据需要，装饰美化要美。

操作手法正确，注意安全卫生。

[拓展提升]

思维的拓展，技能的提升

一、思考回答

1. 菜肴装饰围边3还可以摆放哪些造型？

2. 菜肴装饰围边3是否可以用其他原料制作？

二、作业

1. 每人回家制作一份菜肴装饰围边3盘饰。

2. 每人创意制作一款不同于菜肴装饰围边3的盘饰。

任务4　菜肴装饰围边4

[任务描述]

　　一盘菜肴除了口味和形态好以外，摆盘装饰也很重要。漂亮的围边装饰可以为菜肴增加附加值，激发大家的食欲。今天我们就用水果、蔬菜等食材来学做围边装饰菜肴的盘饰。

[学习目标]

1. 会按照菜肴的特点选择盘子。

2. 会选择装饰食材。

3. 能借助模具方便地装饰。

4. 掌握切、雕基础操作技能。

[任务实施]

边看
边想　　边做
边学　　总结
归纳　　拓展
提升

[边看边想]

相关知识介绍

你知道吗？ 制作菜肴装饰围边4需要的用具、原料如下：

用　具：雕刻刀1把、批刀1把。

原　料：蒜苗2根、心里美萝卜1只、黄色樱桃番茄1只、巧克力扇花1片、荷兰芹1小棵、巧克力酱1瓶、红莓酱1瓶、澄粉。

[知识链接]

哪些食材常用于装饰围边？

蔬菜、水果、巧克力酱、面塑等。

菜肴装饰围边操作步骤：

选择盘子 ⟶ 选用食材 ⟶ 切配、雕刻 ⟶ 美化装饰

用何种加工方法？

切、刻、雕、裱。

[成品要求]

色泽：红、绿、咖啡色。

形态：饱满、高低有致。

位置：盘子左边角。

[边做边学]

操作步骤

选择盘子 → 选用食材 → 切配雕刻 → 美化装饰

一、操作指南

操作前准备

用具：雕刻刀1把、批刀1把。

原料：蒜苗2根、心里美萝卜1只、黄色樱桃番茄1只、巧克力扇花1片、荷兰芹1小棵、巧克力酱1瓶、红莓酱1瓶、澄粉。

步骤

序 号 Number	流 程 Step	图 解 Comment	安全/质量 Safety/Quality
1	将澄面用热水搅拌均匀，和面待用。		面团调制，软硬度适中。
2	用雕刻刀斜切蒜苗，雕刻刀深入蒜苗的2/3处，每刀间距5毫米。		从下往上雕刻，至顶端收刀，然后浸入冰水中，使之自然卷曲。
3	用雕刻刀在黄色樱桃番茄的中间刻出锯齿状花刀，分开成两朵番茄小花。		注意刻刀的深浅度，不要伤到手。
4	将心里美萝卜切成两半，用批刀修改成尖头水滴状，然后切成厚度为1毫米的6片，摆出扇形待用。		按要求操作，注意刀具使用安全。
5	取白色长方形平盆，在右上角用巧克力酱、红莓酱按图挤画出流畅的线条和圆点。		在线条1/3处放上一小团澄面，将刻好的蒜苗卷曲造型。

二、实操演练

（一）任务分配

1. 学生分为4组，每组发一套辅助原料及制作用具，学生先准备好食材，便于摆盘装饰用。

2. 学生自己选择盘子、选用食材、切配雕刻、美化装饰。

3. 学生根据教师教学的操作步骤，进行切配、雕刻、摆盘、美化装饰。

（二）操作条件

工作场地为一间30平方米的实训室，所需物品：砧板8个、瓷盘8只、辅助工具8套、工作服15件、原材料等。

（三）操作标准

操作台面干净，选盘恰当，装饰美观。

（四）安全须知

切配、雕刻时不要伤到手，正确安全使用工具。

三、技能测评

表1-4

被评价者：_____

训练项目	训练重点	评价标准	小组评价	教师评价
菜肴装饰围边4	选择盘子	正确选择盘子，按要求选择盘子的色泽。	Yes□/No□	Yes□/No□
	选用食材	正确选用原料，按要求配制食材。	Yes□/No□	Yes□/No□
	切配雕刻	按照要求切配，掌握雕刻的技巧及工具的使用。	Yes□/No□	Yes□/No□
	美化装饰	盘饰摆放的位置恰当，色泽搭配合理，能体现美感。	Yes□/No□	Yes□/No□
	操作规范	按步骤操作，正确掌握配制手法，符合操作规范。	Yes□/No□	Yes□/No□
	安全卫生	注意操作安全，台面整洁，盘子卫生。	Yes□/No□	Yes□/No□

评价者：_____

日　期：_____

[总结归纳]

总结教学重点，提炼操作要领

小组共同合作完成任务，通过菜肴装饰围边4的制作，掌握食材选用及摆盘装饰手法，把食材按菜肴装饰围边4要求进行加工美化装饰，以后可以制作不同形态的盘饰。在完成任务的过程中，学生学会共同合作，自己动手制作，把作品转化为产品，为企业争创经济效益。

[重点要领]

教学重点

食材选用，配制合理，摆盘美化手法。

操作要领

盘子正确选择，食材合理选用。
选择摆盘位置，刀工必须精细。
摆盘根据需要，装饰美化要美。
操作手法正确，注意安全卫生。

[拓展提升]

思维的拓展，技能的提升

一、思考回答

1. 菜肴装饰围边4还可以摆放哪些造型？
2. 菜肴装饰围边4是否可以用其他原料制作？

二、作业

1. 每人回家制作一份菜肴装饰围边4盘饰。
2. 每人创意制作一款不同于菜肴装饰围边4的盘饰。

任务5　菜肴装饰围边5

[任务描述]

一盘菜肴除了口味和形态好以外，摆盘装饰也很重要。漂亮的围边装饰可以为菜肴增加附加值，激发大家的食欲。今天我们就用水果、蔬菜等食材来学做围边装饰菜肴的盘饰。

[学习目标]

1. 会按照菜肴的特点选择盘子。
2. 会选择装饰食材。

3. 能借助模具方便地装饰。

4. 掌握切、雕基础操作技能。

[任务实施]

边看边想 —— 边做边学 —— 总结归纳 —— 拓展提升

[边看边想]

相关知识介绍

你知道吗？ 制作菜肴装饰围边5需要的用具、原料如下：

用 具：批刀1把、裱花头1只、裱花袋1个、小勺子1把。

原 料：鲜橙1只、红胡椒粒、红色樱桃番茄1个、新鲜白菊1朵、饼干棒2根、细苦叶生菜少许、土豆粉50克、丝网皮1张、青豆250克。

[知识链接]

哪些食材常用于装饰围边？

蔬菜、水果、巧克力酱、面塑等。

菜肴装饰围边操作步骤：

选择盘子 → 选用食材 → 切配、雕刻 → 美化装饰

用何种加工方法？

切、刻、雕、裱。

[成品要求]

色泽：红、白、黄色。

形态：饱满、高低有致。

位置：盘子左边角。

[边做边学]

操作步骤

一、操作指南

操作前准备

用具：批刀1把、裱花头1只、裱花袋1个、小勺子1把。

原料：鲜橙1只、红胡椒粒、红色樱桃番茄1个、新鲜白菊1朵、饼干棒2根、细苦叶生菜少许、土豆粉50克、丝网皮1张、青豆250克。

步骤

序　号 Number	流　程 Step	图　解 Comment	安全/质量 Safety/Quality
1	土豆粉中加入适量热水，迅速搅拌均匀成泥状，冷却后放入裱花袋中待用。		用沸水调制土豆粉，吃水量大。
2	将鲜橙竖切为两半，取其中一半切成厚度2毫米的半圆片，然后摆放成扇形待用。		注意不要切到手，按要求摆放。
3	青豆煮熟，放入粉碎机搅拌成泥状，用细漏网过滤后待用。		青豆煮熟后用冰块冷却。
4	红胡椒粒碾压成碎粒待用。		注意不要压到手。

续表

序 号 Number	流 程 Step	图 解 Comment	安全/质量 Safety/Quality
5	丝网皮用批刀修成直角三角形，放入120 ℃烤箱烤至浅金黄色拿出冷却待用。		刀要快，注意不要伤到手。
6	取黑色岩盆，在靠左上角处先放上扇形的鲜橙片，然后放上红色樱桃小番茄，将白菊和饼干棒插入小番茄中。		在小番茄边上裱出一朵土豆泥花，插入三角形丝网皮和细苦叶生菜，最后在番茄的另一边用小勺子将青豆泥以"逗号"的形状舀在岩盆上，随意地撒上红胡椒碎粒，作品完成。

二、实操演练

（一）任务分配

1. 学生分为4组，每组发一套辅助原料及制作用具，学生先准备好食材，便于摆盘装饰用。

2. 学生自己选择盘子、选用食材、切配雕刻、美化装饰。

3. 学生根据教师教学的操作步骤，进行切配、雕刻、摆盘、美化装饰。

（二）操作条件

工作场地为一间30平方米的实训室，所需物品：砧板8个、瓷盘8只、辅助工具8套、工作服15件、原材料等。

（三）操作标准

操作台面干净，选盘恰当，装饰美观。

（四）安全须知

切配、雕刻时不要伤到手，正确安全使用工具。

三、技能测评

表1-5

被评价者：_____

训练项目	训练重点	评价标准	小组评价	教师评价
菜肴装饰围边5	选择盘子	正确选择盘子，按要求选择盘子的色泽。	Yes□/No□	Yes□/No□
	选用食材	正确选用原料，按要求配制食材。	Yes□/No□	Yes□/No□
	切配雕刻	按照要求切配，掌握雕刻的技巧及工具的使用。	Yes□/No□	Yes□/No□

训练项目	训练重点	评价标准	小组评价	教师评价
菜肴装饰围边5	美化装饰	盘饰摆放的位置恰当，色泽搭配合理，能体现美感。	Yes☐/No☐	Yes☐/No☐
	操作规范	按步骤操作，正确掌握配制手法，符合操作规范。	Yes☐/No☐	Yes☐/No☐
	安全卫生	注意操作安全，台面整洁，盘子卫生。	Yes☐/No☐	Yes☐/No☐

评价者：＿＿＿＿＿＿＿＿＿

日　期：＿＿＿＿＿＿＿＿＿

[总结归纳]

总结教学重点，提炼操作要领

　　小组共同合作完成任务，通过菜肴装饰围边5的制作，掌握食材的选用及摆盘装饰手法，把食材按菜肴装饰围边5要求进行加工美化装饰，以后可以制作不同形态的盘饰。在完成任务的过程中，学生学会共同合作，自己动手制作，把作品转化为产品，为企业争创经济效益。

[重点要领]

教学重点

食材选用，配制合理，摆盘美化手法。

操作要领

盘子正确选择，食材合理选用。
选择摆盘位置，刀工必须精细。
摆盘根据需要，装饰美化要美。
操作手法正确，注意安全卫生。

[拓展提升]

思维的拓展，技能的提升

一、思考回答

　　1.菜肴装饰围边5还可以摆放哪些造型？
　　2.菜肴装饰围边5是否可以用其他原料制作？

二、作业

　　1.每人回家制作一份菜肴装饰围边5盘饰。
　　2.每人创意制作一款不同于菜肴装饰围边5的盘饰。

任务6　菜肴装饰围边6

[任务描述]

　　一盘菜肴除了口味和形态好以外，摆盘装饰也很重要。漂亮的围边装饰可以为菜肴增加附加值，激发大家的食欲。今天我们就用水果、蔬菜等食材来学做围边装饰菜肴的盘饰。

[学习目标]

1. 会按照菜肴的特点选择盘子。
2. 会选择装饰食材。
3. 能借助模具方便地装饰。
4. 掌握切、雕基础操作技能。

[任务实施]

边看边想 ━━ 边做边学 ━━ 总结归纳 ━━ 拓展提升

[边看边想]

相关知识介绍

你知道吗？制作菜肴装饰围边6需要的用具、原料如下：

用　具：批刀1把、挖球器1个。

原　料：玉米1段、薄荷叶1棵、红加仑1串、杧果半只、剑叶1张、蓝色绣球花3朵、巧克力酱1瓶、澄粉、焦糖酱。

[知识链接]

哪些食材常用于装饰围边？

蔬菜、水果、巧克力酱、面塑等。

菜肴装饰围边操作步骤：

选择盘子 → 选用食材 → 切配、雕刻 → 美化装饰

用何种加工方法？

切、刻、雕、裱。

[成品要求]

色泽：红、绿、咖啡色。

形态：饱满、高低有致。

位置：盘子左边角。

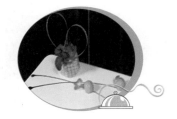

[边做边学]

操作步骤

一、操作指南

🍲 操作前准备

用具：批刀1把、挖球器1个。

原料：玉米1段、薄荷叶1棵、红加仑1串、杧果半只、剑叶1张、蓝色绣球花3朵、巧克力酱1瓶、澄粉、焦糖酱。

🍲 步骤

序 号 Number	流 程 Step	图 解 Comment	安全/质量 Safety/Quality
1	将澄粉用热水搅拌均匀，和成面团待用。		面团调制，软硬度适中。
2	用批刀将玉米段切成高3厘米的圆段。		刀要快，注意不要伤到手。

续表

序 号 Number	流 程 Step	图 解 Comment	安全/质量 Safety/Quality
3	杧果使用挖球器挖制成杧果球，在柠檬冰糖水中略浸泡一分钟捞出待用。		注意用力适中，杧果不要选择太软的。
4	将剑叶改刀成两片长三角形的叶子。		注意不要让刀具伤到手，按要求操作。
5	取白色方形平盆，在左上角先用焦糖酱按图挤画出美观的线条。		放上玉米段，将少许澄面团放在玉米段中间。
6	在线条和杧果球上放上蓝色绣球花。		按高低依次摆放插入改刀好的剑叶、薄荷叶、红加仑和杧果球。

二、实操演练

（一）任务分配

1. 学生分为4组，每组发一套辅助原料及制作用具，学生先准备好食材，便于摆盘装饰用。

2. 学生自己选择盘子、选用食材、切配雕刻、美化装饰。

3. 学生根据教师教学的操作步骤，进行切配、雕刻、摆盘、美化装饰。

（二）操作条件

工作场地为一间30平方米的实训室，所需物品：砧板8个、瓷盘8只、辅助工具8套、工作服15件、原材料等。

（三）操作标准

操作台面干净，选盘恰当，装饰美观。

（四）安全须知

切配、雕刻时不要伤到手，正确安全使用工具。

三、技能测评

表1-6

被评价者：_____

训练项目	训练重点	评价标准	小组评价	教师评价
菜肴装饰围边6	选择盘子	正确选择盘子，按要求选择盘子的色泽。	Yes□/No□	Yes□/No□
	选用食材	正确选用原料，按要求配制食材。	Yes□/No□	Yes□/No□
	切配雕刻	按照要求切配，掌握雕刻的技巧及工具的使用。	Yes□/No□	Yes□/No□
	美化装饰	盘饰摆放的位置恰当，色泽搭配合理，能体现美感。	Yes□/No□	Yes□/No□
	操作规范	按步骤操作，正确掌握配制手法，符合操作规范。	Yes□/No□	Yes□/No□
	安全卫生	注意操作安全，台面整洁，盘子卫生。	Yes□/No□	Yes□/No□

评价者：_____

日　期：_____

[总结归纳]

总结教学重点，提炼操作要领

小组共同合作完成任务，通过菜肴装饰围边6的制作，掌握食材的选用及摆盘装饰手法，把食材按菜肴装饰围边6要求进行加工美化装饰，以后可以制作不同形态的盘饰。在完成任务的过程中，学生学会共同合作，自己动手制作，把作品转化为产品，为企业争创经济效益。

[重点要领]

教学重点

食材选用，配制合理，摆盘美化手法。

操作要领

盘子正确选择，食材合理选用。
选择摆盘位置，刀工必须精细。
摆盘根据需要，装饰美化要美。
操作手法正确，注意安全卫生。

[拓展提升]

思维的拓展，技能的提升

一、思考回答

1. 菜肴装饰围边6还可以摆放哪些造型？
2. 菜肴装饰围边6是否可以用其他原料制作？

二、作业

1. 每人回家制作一份菜肴装饰围边6盘饰。
2. 每人创意制作一款不同于菜肴装饰围边6的盘饰。

 任务7 菜肴装饰围边7

[任务描述]

一盘菜肴除了口味和形态好以外，摆盘装饰也很重要。漂亮的围边装饰可以为菜肴增加附加值，激发大家的食欲。今天我们就用水果、蔬菜等食材来学做围边装饰菜肴的盘饰。

[学习目标]

1. 会按照菜肴的特点选择盘子。
2. 会选择装饰食材。
3. 能借助模具方便地装饰。
4. 掌握切、雕基础操作技能。

[任务实施]

[边看边想]

你知道吗？制作菜肴装饰围边7需要的用具、原料如下：

用　具：裱花头1只、裱花袋1个、批刀1把。

原　料：紫薯1大只、芦笋5根、韭菜花3根、丽格海棠1朵、细苦叶生菜少许、山核桃肉6粒、荷兰芹1朵、巧克力酱1瓶。

[知识链接]

哪些食材常用于装饰围边？

蔬菜、水果、巧克力酱、面塑等。

菜肴装饰围边操作步骤：

选择盘子 → 选用食材 → 切配、雕刻 → 美化装饰

用何种加工方法？

切、刻、雕、裱。

[成品要求]

色泽：红、绿、紫色。

形态：饱满、高低有致。

位置：盘子左边角。

[边做边学]

操作步骤

选择盘子 → 选用食材 → 切配雕刻 → 美化装饰

一、操作指南

操作前准备

用具：裱花头1只、裱花袋1个、批刀1把。

原料：紫薯1大只、芦笋5根、韭菜花3根、丽格海棠1朵、细苦叶生菜少许、山核桃肉6

粒、荷兰芹1朵、巧克力酱1瓶。

 **步骤**

序　号 Number	流　程 Step	图　解 Comment	安全/质量 Safety/Quality
1	将紫薯上笼蒸熟。待凉后去皮，用批刀刮压成泥，放入装好裱花头的裱花袋中待用。		选择质量优的紫薯。
2	芦笋放入沸水中焯水至断生，浸入冰水冷却，沥干待用。		芦笋焯水速度要快，注意操作安全。
3	取一白色圆形平盆，用巧克力酱裱挤出图中的两条横竖线条。		在线条的交叉处用紫薯裱花袋挤出大小各异、造型自然的紫薯花堆。
4	在紫薯花堆上插入芦笋、韭菜花和少许细苦叶生菜。		注意插入的原料位置，以美观为主。
5	最后在紫薯花堆右侧撒上山核桃肉，点缀一朵海棠花和荷兰芹，作品完成。		注意摆放的位置，根据菜肴的形状，围边摆放在合适的地方，体现整盘美观效果。

二、实操演练

（一）任务分配

1. 学生分为4组，每组发一套辅助原料及制作用具，学生先准备好食材，便于摆盘装饰用。

2.学生自己选择盘子、选用食材、切配雕刻、美化装饰。

3.学生根据教师教学的操作步骤，进行切配、雕刻、摆盘、美化装饰。

（二）操作条件

工作场地为一间30平方米的实训室，所需物品：砧板8个、瓷盘8只、辅助工具8套、工作服15件、原材料等。

（三）操作标准

操作台面干净，选盘恰当，装饰美观。

（四）安全须知

切配、雕刻时不要伤到手，正确安全使用工具。

三、技能测评

表1-7

被评价者：＿＿＿＿＿＿＿＿＿＿＿＿＿

训练项目	训练重点	评价标准	小组评价	教师评价
菜肴装饰围边7	选择盘子	正确选择盘子，按要求选择盘子的色泽。	Yes□/No□	Yes□/No□
	选用食材	正确选用原料，按要求配制食材。	Yes□/No□	Yes□/No□
	切配雕刻	按照要求切配，掌握雕刻的技巧及工具的使用。	Yes□/No□	Yes□/No□
	美化装饰	盘饰摆放的位置恰当，色泽搭配合理，能体现美感。	Yes□/No□	Yes□/No□
	操作规范	按步骤操作，正确掌握配制手法，符合操作规范。	Yes□/No□	Yes□/No□
	安全卫生	注意操作安全，台面整洁，盘子卫生。	Yes□/No□	Yes□/No□

评价者：＿＿＿＿＿＿＿＿＿＿＿＿

日　期：＿＿＿＿＿＿＿＿＿＿＿＿

[总结归纳]

总结教学重点，提炼操作要领

小组共同合作完成任务，通过菜肴装饰围边7的制作，掌握食材的选用及摆盘装饰手法，把食材按菜肴装饰围边7要求进行加工美化装饰，以后可以制作不同形态的盘饰。在完成任务的过程中，学生学会共同合作，自己动手制作，把作品转化为产品，为企业争创经济效益。

[重点要领]

教学重点

食材选用，配制合理，摆盘美化手法。

操作要领

盘子正确选择，食材合理选用。
选择摆盘位置，刀工必须精细。
摆盘根据需要，装饰美化要美。
操作手法正确，注意安全卫生。

[拓展提升]

思维的拓展，技能的提升

一、思考回答

1. 菜肴装饰围边7还可以摆放哪些造型？
2. 菜肴装饰围边7是否可以用其他原料制作？

二、作业

1. 每人回家制作一份菜肴装饰围边7盘饰。
2. 每人创意制作一款不同于菜肴装饰围边7的盘饰。

 任务8　菜肴装饰围边8

[任务描述]

　　一盘菜肴除了口味和形态好以外，摆盘装饰也很重要。漂亮的围边装饰可以为菜肴增加附加值，激发大家的食欲。今天我们就用水果、蔬菜等食材来学做围边装饰菜肴的盘饰。

[学习目标]

1. 会按照菜肴的特点选择盘子。
2. 会选择装饰食材。
3. 能借助模具方便地装饰。
4. 掌握切、雕基础操作技能。

[任务实施]

边看
边想　　边做
边学　　总结
归纳　　拓展
提升

[边看边想]

你知道吗？制作菜肴装饰围边8需要的用具、原料如下：

用　具：雕刻刀、筷子、剪刀。

原　料：法国拉丝糖1包、樱桃小番茄1个、荷兰芹1朵、澄面团、鸡蛋细卷面1卷、海苔片、蛋液、天妇罗粉浆少许、山蒜花两朵。

[知识链接]

哪些食材常用于装饰围边？

蔬菜、水果、巧克力酱、面塑等。

菜肴装饰围边操作步骤：

选择盘子 → 选用食材 → 切配、雕刻 → 美化装饰

用何种加工方法？

切、刻、雕、裱。

[成品要求]

色泽：红、绿、咖啡色。

形态：饱满、高低有致。

位置：盘子左边角。

[边做边学]

操作步骤

一、操作指南

 **操作前准备**

用具：雕刻刀、筷子、剪刀。

原料：法国拉丝糖1包、樱桃小番茄1个、荷兰芹1朵、澄面团、鸡蛋细卷面1卷、海苔

片、蛋液、天妇罗粉浆少许、山蒜花两朵。

步骤

序　号 Number	流　程 Step	图解 Comment	安全/质量 Safety/Quality
1	将鸡蛋面截取20个长为12厘米的段，海苔片用剪刀剪成宽5毫米、长6厘米的长条。		将海苔长条一面涂上蛋液，绕绑在鸡蛋面段的一端，开火加热油锅，待升至4成油温（120 ℃）时，将绑好的海苔面段放入油锅。
2	用筷子夹住绑海苔的地方，待面条变软后前后推拉，使面条打开成扇形后，在扇面上用手淋上粉浆。		将天妇罗粉浆凝固在扇面上，扇面炸至淡金色时捞出沥干油待用。
3	将拉丝糖在小平底锅中化开，待温度降低到110 ℃左右，用筷子挑起少许，迅速拔丝。		将拔出的糖丝捏成球状待用。
4	用雕刻刀在红色樱桃小番茄的中间刻出锯齿状花刀，分开成两朵番茄小花。		注意刻刀的用力深浅度，注意不要伤到手。
5	取黑色异形岩盆，在右上角放上澄面团，插上炸好的扇形面段，在扇形面段前插上荷兰芹挡住面团。		在面团左侧放上拉丝糖球并在上面点缀两朵山蒜花，最后在面团右侧随意地撒上拉丝糖颗粒，在拉丝糖颗粒中点缀一朵刻好的番茄小红花。

二、实操演练

（一）任务分配

1. 学生分为4组，每组发一套辅助原料及制作用具，学生先准备好食材，便于摆盘装饰用。

2. 学生自己选择盘子、选用食材、切配雕刻、美化装饰。

3. 学生根据教师教学的操作步骤，进行切配、雕刻、摆盘、美化装饰。

（二）操作条件

工作场地为一间30平方米的实训室，所需物品：砧板8个、瓷盘8只、辅助工具8套、工作服15件、原材料等。

（三）操作标准

操作台面干净，选盘恰当，装饰美观。

（四）安全须知

切配、雕刻时不要伤到手，正确安全使用工具。

三、技能测评

表1-8

被评价者：_____

训练项目	训练重点	评价标准	小组评价	教师评价
菜肴装饰围边8	选择盘子	正确选择盘子，按要求选择盘子的色泽。	Yes□/No□	Yes□/No□
	选用食材	正确选用原料，按要求配制食材。	Yes□/No□	Yes□/No□
	切配雕刻	按照要求切配，掌握雕刻的技巧及工具的使用。	Yes□/No□	Yes□/No□
	美化装饰	盘饰摆放的位置恰当，色泽搭配合理，能体现美感。	Yes□/No□	Yes□/No□
	操作规范	按步骤操作，正确掌握配制手法，符合操作规范。	Yes□/No□	Yes□/No□
	安全卫生	注意操作安全，台面整洁，盘子卫生。	Yes□/No□	Yes□/No□

评价者：_____

日　期：_____

[总结归纳]

总结教学重点，提炼操作要领

小组共同合作完成任务，通过菜肴装饰围边8的制作，掌握食材的选用及摆盘装饰手法，把食材按菜肴装饰围边8要求进行加工美化装饰，以后可以制作不同形态的盘饰。在完成任务的过程中，学生学会共同合作，自己动手制作，把作品转化为产品，为企业争创经济效益。

[重点要领]

教学重点

食材选用，配制合理，摆盘美化手法。

操作要领

盘子正确选择，食材合理选用。
选择摆盘位置，刀工必须精细。
摆盘根据需要，装饰美化要美。
操作手法正确，注意安全卫生。

[拓展提升]

思维的拓展，技能的提升

一、思考回答

1. 菜肴装饰围边8还可以摆放哪些造型？
2. 菜肴装饰围边8是否可以用其他原料制作？

二、作业

1. 每人制作一份菜肴装饰围边8盘饰。
2. 每人创意制作一款不同于菜肴装饰围边8的盘饰。

 任务9 菜肴装饰围边9

[任务描述]

一盘菜肴除了口味和形态好以外，摆盘装饰也很重要。漂亮的围边装饰可以为菜肴增加附加值，激发大家的食欲。今天我们就用水果、蔬菜等食材来学做围边装饰菜肴的盘饰。

[学习目标]

1. 会按照菜肴的特点选择盘子。
2. 会选择装饰食材。
3. 能借助模具方便地装饰。
4. 掌握切、雕基础操作技能。

[任务实施]

边看边想　边做边学　总结归纳　拓展提升

[边看边想]

你知道吗？制作菜肴装饰围边9需要的用具、原料如下：

用　具：长叶形硅胶模具1只、凹形漏网1个、小平底锅1个。

原　料：法国拉丝糖1包、土豆1只、生粉50克、澄粉、三色堇花3朵、山蒜花3朵、樱桃小番茄1只。

[知识链接]

哪些食材常用于装饰围边？

蔬菜、水果、巧克力酱、面塑等。

菜肴装饰围边操作步骤：

选择盘子——→选用食材——→切配、雕刻——→美化装饰

用何种加工方法？

切、刻、雕、裱。

[成品要求]

色泽：红、绿、咖啡色。

形态：饱满、高低有致。

位置：盘子左边角。

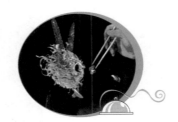

[边做边学]

操作步骤

一、操作指南

　操作前准备

用具：长叶形硅胶模具1只、凹形漏网1个、小平底锅1个。

原料：法国拉丝糖1包、土豆1只、生粉50克、澄粉、三色堇花3朵、山蒜花3朵、樱桃小番茄1只。

 **步骤**

序 号 Number	流 程 Step	图 解 Comment	安全/质量 Safety/Quality
1	将拉丝糖在小平底锅中化开，趁热倒入叶形硅胶模具中，冷却后取出。		同样方法做出第二片糖叶，待用。注意火候的掌握。
2	土豆切丝，放入水中漂去淀粉，吸干水分，拌入生粉，然后均匀垫在凹形漏网中。		放入油锅用五成油温（150 ℃）炸至定型，炸至金黄色捞出，吸油冷却待用。
3	将澄粉用热水搅拌均匀，调和成面团待用。		注意水要烧沸，掺入动作要快，注意不要烫到手。
4	将樱桃小番茄一切二，再一切二，留两瓣待用。		刀要快，按要求切制。
5	取黑色异形盆，在靠后位置放上一小团澄粉，将土豆丝炸制成鸟巢状粘在澄粉团上。		在鸟巢后面位置插上糖叶，最后放上小番茄切成的小瓣，点缀三色堇花和山蒜花，作品完成。

二、实操演练

（一）任务分配

1. 学生分为4组，每组发一套辅助原料及制作用具，学生先准备好食材，便于摆盘装饰用。

2. 学生自己选择盘子、选用食材、切配雕刻、美化装饰。

3. 学生根据教师教学的操作步骤，进行切配、雕刻、摆盘、美化装饰。

（二）操作条件

工作场地为一间30平方米的实训室，所需物品：砧板8个、瓷盘8只、辅助工具8套、工作服15件、原材料等。

（三）操作标准

操作台面干净，选盘恰当，装饰美观。

（四）安全须知

切配、雕刻时不要伤到手，正确安全使用工具。

三、技能测评

表1-9

被评价者：_____

训练项目	训练重点	评价标准	小组评价	教师评价
菜肴装饰围边9	选择盘子	正确选择盘子，按要求选择盘子的色泽。	Yes☐/No☐	Yes☐/No☐
	选用食材	正确选用原料，按要求配制食材。	Yes☐/No☐	Yes☐/No☐
	切配雕刻	按照要求切配，掌握雕刻的技巧及工具的使用。	Yes☐/No☐	Yes☐/No☐
	美化装饰	盘饰摆放的位置恰当，色泽搭配合理，能体现美感。	Yes☐/No☐	Yes☐/No☐
	操作规范	按步骤操作，正确掌握配制手法，符合操作规范。	Yes☐/No☐	Yes☐/No☐
	安全卫生	注意操作安全，台面整洁，盘子卫生。	Yes☐/No☐	Yes☐/No☐

评价者：_____

日　期：_____

[总结归纳]

总结教学重点，提炼操作要领

小组共同合作完成任务，通过菜肴装饰围边9的制作，掌握食材的选用及摆盘装饰手法，把食材按菜肴装饰围边9要求进行加工美化装饰，以后可以制作不同形态的盘饰。在完成任务的过程中，学生学会共同合作，自己动手制作，把作品转化为产品，为企业争创经济效益。

[重点要领]

教学重点

食材选用，配制合理，摆盘美化手法。

操作要领

盘子正确选择，食材合理选用。
选择摆盘位置，刀工必须精细。
摆盘根据需要，装饰美化要美。
操作手法正确，注意安全卫生。

[拓展提升]

思维的拓展，技能的提升

一、思考回答

1. 菜肴装饰围边9还可以摆放哪些造型？
2. 菜肴装饰围边9是否可以用其他原料制作？

二、作业

1. 每人回家制作一份菜肴装饰围边9盘饰。
2. 每人创意制作一款不同于菜肴装饰围边9的盘饰。

任务10　菜肴装饰围边10

[任务描述]

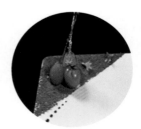

　　一盘菜肴除了口味和形态好以外，摆盘装饰也很重要。漂亮的围边装饰可以为菜肴增加附加值，激发大家的食欲。今天我们就用水果、蔬菜等食材来学做围边装饰菜肴的盘饰。

[学习目标]

1. 会按照菜肴的特点选择盘子。
2. 会选择装饰食材。
3. 能借助模具方便地装饰。
4. 掌握切、雕基础操作技能。

[任务实施]

边看边想　　边做边学　　总结归纳　　拓展提升

[边看边想]

相关知识介绍

你知道吗？制作菜肴装饰围边10需要的用具、原料如下：

用　具：小平底锅1个。

原　料：法国拉丝糖1包、抹茶粉50克、红黄绿樱桃小番茄各1只、红色绣球花2朵、巧克力小石头。

[知识链接]

哪些食材常用于装饰围边？

蔬菜、水果、巧克力酱、面塑等。

菜肴装饰围边操作步骤：

选择盘子 → 选用食材 → 切配、雕刻 → 美化装饰

用何种加工方法？

切、刻、雕、裱。

[成品要求]

色泽：红、绿、咖啡色。

形态：饱满、高低有致。

位置：盘子左边角。

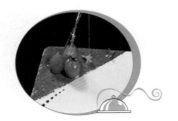

[边做边学]

操作步骤

选择盘子 → 选用食材 → 切配雕刻 → 美化装饰

一、操作指南

 操作前准备

用具：小平底锅1个。

原料：法国拉丝糖1包、抹茶粉50克、红黄绿樱桃小番茄各1只、红色绣球花2朵、巧克

力小石头。

步骤

序　号 Number	流　程 Step	图　解 Comment	安全/质量 Safety/Quality
1	将拉丝糖在小平底锅中化开，用竹签插在红番茄上。将小平底锅中的糖浆翻滚包裹均匀后，拿出待用。		朝下滴出糖线冷却后，同理制作黄色和绿色小番茄，冷却后待用。
2	取白色长方盆，先将抹茶粉在左上角的一角处撒匀，呈三角状。		注意抹茶粉撒在盘子上的位置。
3	在靠后位置处依次摆放用糖制作的糖番茄，放入仿真的巧克力小石头。		注意摆放的位置，不要碰到盘子上的抹茶粉。
4	裱上巧克力酱，用绣球花点缀，作品完成。		注意摆放的位置，根据菜肴的形状，围边摆放在适合的地方，体现整盘美观效果。

二、实操演练

（一）任务分配

1. 学生分为4组，每组发一套辅助原料及制作用具，学生先准备好食材，便于摆盘装饰用。

2. 学生自己选择盘子、选用食材、切配雕刻、美化装饰。

3. 学生根据教师教学的操作步骤，进行切配、雕刻、摆盘、美化装饰。

（二）操作条件

工作场地为一间30平方米的实训室，所需物品：砧板8个、瓷盘8只、辅助工具8套、工作服15件、原材料等。

（三）操作标准

操作台面干净，选盘恰当，装饰美观。

（四）安全须知

切配、雕刻时不要伤到手，正确安全使用工具。

三、技能测评

表1-10

被评价者：_____

训练项目	训练重点	评价标准	小组评价	教师评价
菜肴装饰围边10	选择盘子	正确选择盘子，按要求选择盘子的色泽。	Yes□/No□	Yes□/No□
	选用食材	正确选用原料，按要求配制食材。	Yes□/No□	Yes□/No□
	切配雕刻	按照要求切配，掌握雕刻的技巧及工具的使用。	Yes□/No□	Yes□/No□
	美化装饰	盘饰摆放的位置恰当，色泽搭配合理，能体现美感。	Yes□/No□	Yes□/No□
	操作规范	按步骤操作，正确掌握配制手法，符合操作规范。	Yes□/No□	Yes□/No□
	安全卫生	注意操作安全，台面整洁，盘子卫生。	Yes□/No□	Yes□/No□

评价者：_____

日　期：_____

[总结归纳]

总结教学重点，提炼操作要领

小组共同合作完成任务，通过菜肴装饰围边10的制作，掌握食材的选用及摆盘装饰手法，把食材按菜肴装饰围边10要求进行加工美化装饰，以后可以制作不同形态的盘饰。在完成任务的过程中，学生学会共同合作，自己动手制作，把作品转化为产品，为企业争创经济效益。

[重点要领]

教学重点

食材选用，配制合理，摆盘美化手法。

操作要领

盘子正确选择，食材合理选用。

选择摆盘位置，刀工必须精细。

摆盘根据需要，装饰美化要美。
操作手法正确，注意安全卫生。

[拓展提升]

思维的拓展，技能的提升

一、思考回答

1. 菜肴装饰围边10还可以摆放哪些造型？
2. 菜肴装饰围边10是否可以用其他原料制作？

二、作业

1. 每人回家制作一份菜肴装饰围边10盘饰。
2. 每人创意制作一款不同于菜肴装饰围边10的盘饰。

任务11　菜肴装饰围边11

[任务描述]

一盘菜肴除了口味和形态好以外，摆盘装饰也很重要。漂亮的围边装饰可以为菜肴增加附加值，激发大家的食欲。今天我们就用水果、蔬菜等食材来学做围边装饰菜肴的盘饰。

[学习目标]

1. 会按照菜肴的特点选择盘子。
2. 会选择装饰食材。
3. 能借助模具方便地装饰。
4. 掌握切、雕基础操作技能。

[任务实施]

边看边想 ── 边做边学 ── 总结归纳 ── 拓展提升

[边看边想]

你知道吗？制作菜肴装饰围边11需要的用具、原料如下：

用　具：裱花头1个、小平底锅1个、圆孔硅胶模具1个。

原　料：法国拉丝糖1包、墨鱼汁面、紫薯1只、带花的黄瓜2根、红辣椒碎粒。

[知识链接]

哪些食材常用于装饰围边？

蔬菜、水果、巧克力酱、面塑等。

菜肴装饰围边操作步骤：

选择盘子 → 选用食材 → 切配、雕刻 → 美化装饰

用何种加工方法？

切、刻、雕、裱。

[成品要求]

色泽：红、绿、黄色。

形态：饱满、高低有致。

位置：盘子左边角。

[边做边学]

操作步骤

一、操作指南

操作前准备

用具：裱花头1个、小平底锅1个、圆孔硅胶模具1个。

原料：法国拉丝糖1包、墨鱼汁面、紫薯1只、带花的黄瓜2根、红辣椒碎粒。

🍲 **步骤**

序　号 Number	流　程 Step	图　解 Comment	安全/质量 Safety/Quality
1	将拉丝糖在小平底锅中化开，趁热倒入圆孔硅胶模具中，冷却后取出待用。		注意火候不宜太大，时间不宜太久。
2	将紫薯上笼蒸熟，待凉后去皮，用批刀刮压成泥，放入装好裱花头的裱花袋中待用。		蒸熟后去皮压成泥状，便于裱注装饰。
3	墨鱼汁面放入四成油温（120℃）锅中炸制成自然卷曲造型，吸油冷却后待用。		注意掌握油温，不要烫到手。
4	取白色异形盆，在顶端位置用紫薯裱花袋，裱出紫薯花朵。		由后向前分别插入糖插片、炸制的墨鱼汁面和黄瓜花，最后撒上少许的红胡椒碎粒点缀。

二、实操演练

（一）任务分配

1. 学生分为4组，每组发一套辅助原料及制作用具，学生先准备好食材，便于摆盘装饰用。

2. 学生自己选择盘子、选用食材、切配雕刻、美化装饰。

3. 学生根据教师教学的操作步骤，进行切配、雕刻、摆盘、美化装饰。

（二）操作条件

工作场地为一间30平方米的实训室，所需物品：砧板8个、瓷盘8只、辅助工具8套、工作服15件、原材料等。

（三）操作标准

操作台面干净，选盘恰当，装饰美观。

（四）安全须知

切配、雕刻时不要伤到手，正确安全使用工具。

三、技能测评

表1-11

被评价者：_____

训练项目	训练重点	评价标准	小组评价	教师评价
菜肴装饰围边11	选择盘子	正确选择盘子，按要求选择盘子的色泽。	Yes☐/No☐	Yes☐/No☐
	选用食材	正确选用原料，按要求配制食材。	Yes☐/No☐	Yes☐/No☐
	切配雕刻	按照要求切配，掌握雕刻的技巧及工具的使用。	Yes☐/No☐	Yes☐/No☐
	美化装饰	盘饰摆放的位置恰当，色泽搭配合理，能体现美感。	Yes☐/No☐	Yes☐/No☐
	操作规范	按步骤操作，正确掌握配制手法，符合操作规范。	Yes☐/No☐	Yes☐/No☐
	安全卫生	注意操作安全，台面整洁，盘子卫生。	Yes☐/No☐	Yes☐/No☐

评价者：_____

日　期：_____

[总结归纳]

总结教学重点，提炼操作要领

小组共同合作完成任务，通过菜肴装饰围边11的制作，掌握食材的选用及摆盘装饰手法，把食材按菜肴装饰围边11要求进行加工美化装饰，以后可以制作不同形态的盘饰。在完成任务的过程中，学生学会共同合作，自己动手制作，把作品转化为产品，为企业争创经济效益。

[重点要领]

教学重点

食材选用，配制合理，摆盘美化手法。

操作要领

盘子正确选择，食材合理选用。

选择摆盘位置，刀工必须精细。

摆盘根据需要，装饰美化要美。

操作手法正确，注意安全卫生。

[拓展提升]

思维的拓展，技能的提升

一、思考回答

1. 菜肴装饰围边11还可以摆放哪些造型？
2. 菜肴装饰围边11是否可以用其他原料制作？

二、作业

1. 每人回家制作一份菜肴装饰围边11盘饰。
2. 每人创意制作一款不同于菜肴装饰围边11的盘饰。

任务12　菜肴装饰围边12

[任务描述]

一盘菜肴除了口味和形态好以外，摆盘装饰也很重要。漂亮的围边装饰可以为菜肴增加附加值，激发大家的食欲。今天我们就用水果、蔬菜等食材来学做围边装饰菜肴的盘饰。

[学习目标]

1. 会按照菜肴的特点选择盘子。
2. 会选择装饰食材。
3. 能借助模具方便地装饰。
4. 掌握切、雕基础操作技能。

[任务实施]

边看边想　　边做边学　　总结归纳　　拓展提升

[边看边想]

你知道吗？制作菜肴装饰围边12需要的用具、原料如下：

用　具：厚制气球、小平底锅。

原　料：法国拉丝糖1包、三色堇3朵、红色绣球花1朵、蓝色绣球花1朵、绿色雏菊1朵。

[知识链接]

哪些食材常用于装饰围边？

蔬菜、水果、巧克力酱、面塑等。

菜肴装饰围边操作步骤：

选择盘子 → 选用食材 → 切配、雕刻 → 美化装饰

用何种加工方法？

切、刻、雕、裱。

[成品要求]

色泽：红、绿、蓝色。

形态：饱满、高低有致。

位置：盘子左边角。

[边做边学]

操作步骤

一、**操作指南**

 **操作前准备**

用具：厚制气球、小平底锅。

原料：法国拉丝糖1包、三色堇3朵、红色绣球花1朵、蓝色绣球花1朵、绿色雏菊1朵。

步骤

序　号 Number	流　程 Step	图　解 Comment	安全/质量 Safety/Quality
1	将气球吹至理想大小，在外表层涂上一层薄薄的油。		注意用力的轻重及操作方法的正确性。
2	将拉丝糖在小平底锅中化开，然后关火冷却到120 ℃左右。		注意火候、时间、温度的掌握。
3	用小勺子舀起少量的糖浆浇淋在气球表面。		直至气球表面有比较密实的糖网，此时，轻轻给气球放气，当气球缩小离开糖网后，糖网即制作完成。
4	将三色堇花、红色绣球花、蓝色绣球花、绿色雏菊撕下小花瓣。		将撕下的小花瓣均匀撒在糖网上，糖网盖扣在菜肴上，作品完成。

二、实操演练

（一）任务分配

1. 学生分为4组，每组发一套辅助原料及制作用具，学生先准备好食材，便于摆盘装饰用。

2. 学生自己选择盘子、选用食材、切配雕刻、美化装饰。

3. 学生根据教师教学的操作步骤，进行切配、雕刻、摆盘、美化装饰。

（二）操作条件

工作场地为一间30平方米的实训室，所需物品：砧板8个、瓷盘8只、辅助工具8套、工作服15件、原材料等。

（三）操作标准

操作台面干净，选盘恰当，装饰美观。

（四）安全须知

切配、雕刻时不要伤到手，正确安全使用工具。

三、技能测评

表1-12

被评价者：_____

训练项目	训练重点	评价标准	小组评价	教师评价
菜肴装饰围边12	选择盘子	正确选择盘子，按要求选择盘子的色泽。	Yes□/No□	Yes□/No□
	选用食材	正确选用原料，按要求配制食材。	Yes□/No□	Yes□/No□
	切配雕刻	按照要求切配，掌握雕刻的技巧及工具的使用。	Yes□/No□	Yes□/No□
	美化装饰	盘饰摆放的位置恰当，色泽搭配合理，能体现美感。	Yes□/No□	Yes□/No□
	操作规范	按步骤操作，正确掌握配制手法，符合操作规范。	Yes□/No□	Yes□/No□
	安全卫生	注意操作安全，台面整洁，盘子卫生。	Yes□/No□	Yes□/No□

评价者：_____

日　期：_____

[总结归纳]

总结教学重点，提炼操作要领

　　小组共同合作完成任务，通过菜肴装饰围边12的制作，掌握食材的选用及摆盘装饰手法，把食材按菜肴装饰围边12要求进行加工美化装饰，以后可以制作不同形态的盘饰。在完成任务的过程中，学生学会共同合作，自己动手制作，把作品转化为产品，为企业争创经济效益。

[重点要领]

教学重点

食材选用，配制合理，摆盘美化手法。

操作要领

盘子正确选择，食材合理选用。

选择摆盘位置，刀工必须精细。

摆盘根据需要，装饰美化要美。
操作手法正确，注意安全卫生。

[拓展提升]

思维的拓展，技能的提升

一、思考回答

1. 菜肴装饰围边12还可以摆放哪些造型？
2. 菜肴装饰围边12是否可以用其他原料制作？

二、作业

1. 每人回家制作一份菜肴装饰围边12盘饰。
2. 每人创意制作一款不同于菜肴装饰围边12的盘饰。

点心盘饰制作

 任务1　酸甜枇杷果

[任务描述]

　　一盘点心除了口味和形态好以外，摆盘装饰也很重要。漂亮的盘饰可以激发大家的食欲。今天我们就来学用澄粉和天然色素调制面团，跟着学捏枇杷果面塑。

[学习目标]

1. 会调制澄粉面团。
2. 会揉制澄粉面团。
3. 会配制所需色泽的面团。
4. 掌握作品捏制的基础操作技能。

[任务实施]

边看
边想　　边做
边学　　总结
归纳　　拓展
提升

[边看边想]

相关知识介绍

你知道吗？制作枇杷果需要使用的用具、原料如下：

用　具：有机玻璃板、剪刀、骨针。

原　料：澄面100克、沸水250克、色素。

[知识链接]

用什么面团制作？

枇杷果是用澄粉面团制作。

澄粉面团采用怎样的调制工艺流程？

下粉掺水 → 拌和 → 揉搓 → 成团

用何种水温调制面团？

沸水。

[成品要求]

色泽：本色。

形态：逼真、大小对称。

摆放：盛器选择，适合位置。

[边做边学]

操作步骤

调制面团 → 面团上色 → 捏制塑形 → 成品摆盘

一、操作指南

操作前准备

用具：有机玻璃板、剪刀、骨针。

原料：澄面100克、沸水250克、色素。

步骤1　调制面团

序　号 Number	流　程 Step	图　解 Comment	安全/质量 Safety/Quality
1	将澄面倒入不锈钢容器中备用。		不锈钢盛器不宜太小。
2	将水烧沸倒入澄面中。		沸水要一次掺入澄面中。
3	用擀面杖搅拌均匀。		用擀面杖迅速搅拌粉团。
4	将面团倒在案板上，用擀面杖压匀。		趁热擀压面团，不要烫压到手。
5	揉制完成的面团形态。		面团表面要用保鲜膜盖上，以防表皮干燥。

步骤2　面团上色

序　号 Number	流　程 Step	图　解 Comment	安全/质量 Safety/Quality
1	用橙色素染出橙色面团。		调色时戴一次性手套，避免色泽沾到手上。

续表

序 号 Number	流 程 Step	图 解 Comment	安全/质量 Safety/Quality
2	用绿色素染出绿色面团。		先在面团中少掺一点绿色素，再根据需要调整色素量。
3	用黄色素染出黄色面团。		先在面团中少掺一点黄色素，再根据需要调整色素量。
4	用可可粉染出棕色面团。		先在面团中少掺一点可可粉，再根据需要调整可可粉量。
5	取黄色和橙色面团揉和出枇杷果实的颜色。		注意两种色素面团掺和的比重，便于调制出枇杷的颜色。
6	取棕色和绿色面团揉和出枇杷枝丫颜色，将枇杷色、绿色、枝丫色面团放在盘子里备用。		3种色泽的面团摆放需要有间距，以防串色。

🍲 步骤3　捏制塑形

序 号 Number	流 程 Step	图 解 Comment	安全/质量 Safety/Quality
1	绿色面团做出枇杷叶，用骨针刻出叶茎。		取小块面团搓成薄圆皮。

序　号 Number	流　程 Step	图　解 Comment	安全/质量 Safety/Quality
2	将枇杷叶微微卷起，使其形象逼真。		用手轻轻捏两头成小尖形。
3	用枇杷色面团制作出枇杷果实状。		面团搓成长圆形，手用力均匀。
4	取枝丫色面团做出枇杷枝丫。		将可可色面团搓成粗长条，一头粗，另一头细，便于装饰。
5	取一点枝丫色面团粘在枇杷底部，用骨针修好底部形态。		注意粘贴的位置，用力要轻。
6	在枇杷顶部插上枇杷枝丫。		用骨针在枇杷顶部先插一个小洞，便于插上枇杷枝丫。

🍲 步骤4　成品摆盘

序　号 Number	流　程 Step	图　解 Comment	安全/质量 Safety/Quality
1	用同样的方法制作出第二个枇杷果。		摆放时注意动作要轻，以防破坏成品的形状。

续表

序 号 Number	流 程 Step	图 解 Comment	安全/质量 Safety/Quality
2	将两个枇杷果并列摆放在黑色的盘子里，在枝丫旁插上叶子。		注意摆放的位置，根据点心的形状，将小青菜摆放在适合的地方，体现整盘美观效果。

二、实操演练

小组合作完成酸甜枇杷果制作任务，参照表2-1中操作步骤与质量标准，进行小组技能实操训练，共同完成教师布置的任务，在制作中尽可能符合教师提出的质量要求。

（一）任务分配

1. 学生分为4组，每组发一套辅助原料及制作用具，学生先准备好3种色素，便于配制有色面团。

2. 学生自己调制面团，完成配料、掺水、揉面、成团等几个步骤。

3. 为学生提供炉灶、盛器，学生自己点燃煤气，调节火候，烧沸水调制面团，待面团冷却后进行配色，按要求捏制作品。

（二）操作条件

工作场地为一间30平方米的实训室，所需物品：炉灶4个、瓷盘8只、辅助工具8套、工作服15件、原材料等。

（三）操作标准

操作台面干净，配色恰当，外形像枇杷果。

（四）安全须知

调制面团时小心火候，注意不要被锅中的沸水烫伤手，安全使用工具。

三、技能测评

表2-1

被评价者：_____

训练项目	训练重点	评价标准	小组评价	教师评价
枇杷果	配制面团	正确选择原料，按要求配制面团。	Yes□/No□	Yes□/No□
	选择盛器 安全烧水	按照要求选择盛器，用沸水烫面团，掌握掺水量，注意操作安全。	Yes□/No□	Yes□/No□
	调制面团	调制面团时，符合操作规范，面团软硬恰当。	Yes□/No□	Yes□/No□

续表

训练项目	训练重点	评价标准	小组评价	教师评价
枇杷果	配制有色面团	配制方法正确，面团揉制均匀。	Yes□/No□	Yes□/No□
	捏制成形	按步骤操作，捏制手法正确，外形美观。	Yes□/No□	Yes□/No□
	摆放正确	正确选择盘子，摆放符合审美要求。	Yes□/No□	Yes□/No□

评价者：_____

日　期：_____

[总结归纳]

总结教学重点，提炼操作要领

小组共同合作完成任务，通过酸甜枇杷果的制作，掌握澄粉面团的调制方法以及配色手法，把面团捏塑成枇杷果，以后可以制作不同形态的面塑。在完成任务的过程中，学生学会共同合作，自己动手制作，把作品转化为产品，为企业争创经济效益。

[重点要领]

教学重点

澄粉面团的调制，面团配色，枇杷捏制手法。

操作要领

水量要控制，面团揉光洁。
配色按要求，比例要恰当。
捏制步骤要清晰，捏制手法要正确。

[拓展提升]

思维的拓展，技能的提升

一、思考回答

1. 澄粉面团还可以制作哪些装饰品种？
2. 澄粉面团是否可以用其他原料来替代制作？
3. 枇杷果面塑一定要用长盘摆放吗？
4. 大家想一想枇杷果还有哪些形态。

二、作业

1. 每人回家捏制一款枇杷果的面塑。
2. 每人创意制作一款不同于枇杷果造型的面塑。

任务2　水嫩鸭梨黄

[任务描述]

　　一盘点心除了口味和形态好以外，摆盘装饰也很重要。漂亮的盘饰可以激发大家的食欲。今天我们就来学用澄粉和天然色素调制面团，跟着学捏鸭梨面塑。

[学习目标]

1. 会调制澄粉面团。
2. 会揉面、蒸制面团等。
3. 会配制所需色泽的面团。
4. 掌握作品捏制的基础操作技能。

[任务实施]

[边看边想]

你知道吗？制作鸭梨需要使用的用具、原料如下：

用　具：有机玻璃板、剪刀、骨针。

原　料：澄面100克、沸水250克、色素。

[知识链接]

用什么面团制作？

鸭梨是用澄粉面团制作。

澄粉面团采用怎样的调制工艺流程?

下粉掺水 → 拌和 → 揉搓 → 成团

用何种水温调制面团?

沸水。

[成品要求]

色泽:本色。

形态:逼真、大小对称。

摆放:盛器选择,适合位置。

[边做边学]

操作步骤

一、操作指南

🍲 操作前准备

用具:有机玻璃板、剪刀、骨针。

原料:澄面100克、沸水250克、色素。

🍲 步骤1 调制面团

序 号 Number	流 程 Step	图 解 Comment	安全/质量 Safety/Quality
1	将澄面倒入不锈钢容器中备用。		烫澄面,不锈钢盛器不宜太小。
2	将水烧沸倒入澄面中。		沸水要一次掺入澄面中。

续表

序 号 Number	流 程 Step	图 解 Comment	安全/质量 Safety/Quality
3	用擀面杖搅拌均匀。		用擀面杖迅速搅拌粉团。
4	将面团倒在案板上，用擀面杖压匀面团。		趁热擀压面团，不要烫压到手。
5	揉制完成的面团形态。		面团表面要用保鲜膜盖上，以防表皮干燥。

步骤2　面团上色

序 号 Number	流 程 Step	图 解 Comment	安全/质量 Safety/Quality
1	用黄色素染出黄色面团。		先在面团中少掺一点黄色素，再根据需要调整色素量。
2	用黑色素染出黑色面团。		先在面团中少掺一点黑色素，再根据需要调整色素量。
3	将本色面团调制成黄色。		面团要揉透，色泽要均匀。

步骤3　捏制塑形

序 号 Number	流　程 Step	图　解 Comment	安全/质量 Safety/Quality
1	用掌心搓出鸭梨梗大致形状。		搓时用力要均匀。
2	塑造出鸭梨梗的自然形状，放盘子里备用。		捏制自然形状。
3	将黄色面团搓制出鸭梨状。		用力要均匀，慢慢搓成一头稍细的形状。
4	制作出的鸭梨形态要自然、形象。		制作出的鸭梨不要像葫芦，许多初学者会将鸭梨过于"收腰"，导致葫芦状明显，形态不逼真。
5	在鸭梨的顶端插上枝丫。		枝丫不要过于笔直僵硬。
6	用干净牙刷蘸少许可可粉水。		可可粉掺水不宜多，影响装饰。
7	将可可色弹于鸭梨表面上。		鸭梨上色要均匀、美观。

🍲 **步骤4　成品摆盘**

序　号 Number	流　程 Step	图　解 Comment	安全/质量 Safety/Quality
1	用同样的方法制作出第二个鸭梨。		摆放时注意动作要轻，以防破坏成品的形状。
2	将两个鸭梨交叠摆放在黑色盘子里。		注意摆放的位置，根据点心的形状，鸭梨摆放在适合的地方，体现整盘美观效果。

二、实操演练

小组合作完成水嫩鸭梨黄制作任务，参照表2-2中操作步骤与质量标准，进行小组技能实操训练，共同完成教师布置的任务，在制作中尽可能符合教师提出的质量要求。

（一）任务分配

1. 学生分为4组，每组发一套辅助原料及制作用具，学生先准备好3种色素，便于配制有色面团。

2. 学生自己调制面团，完成配料、掺水、揉面、成团等几个步骤。

3. 为学生提供炉灶、盛器，学生自己点燃煤气，调节火候，烧沸水调制面团，待面团冷却后进行配色，按要求捏制作品。

（二）操作条件

工作场地为一间30平方米的实训室，所需物品：炉灶4个、瓷盘8只、辅助工具8套、工作服15件、原材料等。

（三）操作标准

操作台面干净，配色恰当，外形像鸭梨。

（四）安全须知

调制面团时小心火候，注意不要被锅中的沸水烫伤手，安全使用工具。

三、技能测评

表2-2

被评价者：＿＿＿＿＿＿＿＿＿

训练项目	训练重点	评价标准	小组评价	教师评价
水嫩鸭梨黄	配制面团	正确选择原料，按要求配制面团。	Yes□/No□	Yes□/No□

续表

训练项目	训练重点	评价标准	小组评价	教师评价
水嫩鸭梨黄	选择盛器安全烧水	按照要求选择盛器，用沸水烫面团，掌握掺水量，注意操作安全。	Yes□/No□	Yes□/No□
	调制面团	调制面团时，符合操作规范，面团软硬恰当。	Yes□/No□	Yes□/No□
	配制有色面团	配制方法正确，面团揉制均匀。	Yes□/No□	Yes□/No□
	捏制成形	按步骤操作，捏制手法正确，外形美观。	Yes□/No□	Yes□/No□
	摆放正确	正确选择盘子，摆放符合审美要求。	Yes□/No□	Yes□/No□

评价者：_____

日　期：_____

[总结归纳]

总结教学重点，提炼操作要领

　　小组共同合作完成任务，通过水嫩鸭梨黄的制作，掌握澄粉面团的调制方法以及配色手法，把面团捏塑成鸭梨，以后可以制作不同形态的面塑。在完成任务的过程中，学生学会共同合作，自己动手制作，把作品转化为产品，为企业争创经济效益。

[重点要领]

教学重点

澄粉面团的调制，面团配色，鸭梨捏制手法。

操作要领

水量要控制，面团揉光洁。

配色按要求，比例要恰当。

捏制步骤要清晰，捏制手法要正确。

[拓展提升]

思维的拓展，技能的提升

一、思考回答

　　1.澄粉面团还可以制作哪些装饰品种？

　　2.澄粉面团是否可以用其他原料来替代制作？

　　3.鸭梨面塑一定要用长盘摆放吗？

　　4.大家想一想鸭梨还有哪些形态。

二、作业

1. 每人回家捏制一款鸭梨的面塑。
2. 每人创意制作一款不同于鸭梨造型的面塑。

任务3　碧绿小青菜

[任务描述]

　　一盘点心除了口味和形态好以外，摆盘装饰也很重要。漂亮的盘饰可以激发大家的食欲。今天我们就来学习用澄粉和天然色素调制面团，学捏小青菜面塑。

[学习目标]

1. 会调制澄粉面团。
2. 会揉制澄粉面团等。
3. 会配制所需色泽的面团。
4. 掌握作品捏制的基础操作技能。

[任务实施]

　　边看边想　——　边做边学　——　总结归纳　——　拓展提升

[边看边想]

相关知识介绍

你知道吗？制作小青菜需要使用的用具、原料如下
用　具：有机玻璃板、剪刀、骨针。
原　料：澄面100克、沸水250克、色素。

[知识链接]

用什么面团制作?

小青菜用澄粉面团制作。

澄粉面团采用怎样的调制工艺流程?

下粉掺水 → 拌和 → 揉搓 → 成团

用何种水温调制面团?

沸水。

[成品要求]

色泽:绿色。

形态:逼真、大小对称。

摆放:盛器选择,适合位置。

[边做边学]

操作步骤

调制面团 → 面团上色 → 捏制塑形 → 成品摆盘

一、操作指南

操作前准备

用具:有机玻璃板、剪刀、骨针。

原料:澄面100克、沸水250克、色素。

步骤1 调制面团

序 号 Number	流 程 Step	图 解 Comment	安全/质量 Safety/Quality
1	将澄面倒入不锈钢容器中备用。		烫澄面,不锈钢盛器不宜太小。

续表

序 号 Number	流 程 Step	图 解 Comment	安全/质量 Safety/Quality
2	将水烧沸，倒入澄面中。		沸水要一次掺入澄面中。
3	用擀面杖搅拌均匀。		用擀面杖迅速搅拌粉团。
4	将面团倒在案板上，用擀面杖压匀。		趁热擀压面团，不要烫压到手。
5	揉制完成的面团形态。		面团表面要用保鲜膜盖上，以防表皮干燥。

步骤2　面团上色

序 号 Number	流 程 Step	图 解 Comment	安全/质量 Safety/Quality
1	用黄色素染出黄色面团。		先在面团中少掺一点黄色素，再根据需要调整色素量。
2	用绿色素染出绿色面团。		先在面团中少掺一点绿色素，再根据需要调整色素量。

序　号 Number	流　程 Step	图　解 Comment	安全/质量 Safety/Quality
3	调出黄、白、绿3色面团备用。		3种色泽的面团摆放需要有间距，以防串色。

步骤3　捏制塑形

序　号 Number	流　程 Step	图　解 Comment	安全/质量 Safety/Quality
1	将黄色和绿色面团调和成青菜叶子色。		手洗干净，绿色面团多，黄色面团少。
2	将本色面团和青菜叶子色面团搓条后粘在一起。		用有机玻璃板轻轻地把两条面团压平，不要压伤手。
3	用刮板分割出四片菜叶子形状的面皮。		分出的四片菜叶要求大小均匀。
4	用本色面团搓出长条形菜茎。		搓时用力要均匀，粗细一致。
5	利用本色面团做菜茎装饰。		菜茎装饰摆放的位置要恰当。

续表

序　号 Number	流　程 Step	图　解 Comment	安全/质量 Safety/Quality
6	用手捏出菜叶花纹。		推出菜叶时，手用力要掌握轻重，均匀地推出花纹。
7	将菜叶互相包裹粘合成青菜状。		注意包裹黏合的位置。
8	组合完成的青菜。		菜叶之间的间距组合要适中、形象，不要过紧或过松。

步骤4　成品摆盘

序　号 Number	流　程 Step	图　解 Comment	安全/质量 Safety/Quality
1	将制作好的小青菜放在白色盘子里，然后用同样的方法制作第二棵小青菜。		摆放时注意动作要轻，以防破坏成品的形状。
2	将两棵小青菜交叉摆放在黑色盘子里。		注意摆放的位置，应根据点心的形状，将小青菜摆放在适合的位置，体现整盘美观效果。

二、实操演练

　　小组合作完成小青菜制作任务，参照表2-3中操作步骤与质量标准，进行小组技能实操训练，共同完成教师布置的任务，在制作中尽可能符合教师提出的质量要求。

（一）任务分配

1. 学生分为4组，每组发一套辅助原料及制作的用具，学生先准备好黄、绿色素，便于配制有色面团。

2. 学生自己调制面团，完成配料、掺水、揉面、成团等几个步骤。

3. 为学生提供炉灶、盛器，学生自己点燃煤气，调节火候，烧沸水调制面团，待面团冷却后进行配色，按要求捏制作品。

（二）操作条件

工作场地为一间30平方米的实训室，所需物品：炉灶4个、瓷盘8只、辅助工具8套、工作服15件、原材料等。

（三）操作标准

操作台面干净，配色恰当，外形像青菜。

（四）安全须知

调制面团时小心火候，注意不要被锅中的沸水烫伤手，安全使用工具。

三、技能测评

表2-3

被评价者：＿＿＿＿＿＿＿＿＿＿

训练项目	训练重点	评价标准	小组评价	教师评价
碧绿小青菜	配制面团	正确选择原料，按要求配制面团。	Yes□/No□	Yes□/No□
	选择盛器安全烧水	按照要求选择盛器，用沸水烫面团，掌握掺水量，注意操作安全。	Yes□/No□	Yes□/No□
	调制面团	调制面团时，符合操作规范，面团软硬恰当。	Yes□/No□	Yes□/No□
	配制有色面团	配制方法正确，面团揉制均匀。	Yes□/No□	Yes□/No□
	捏制成形	按步骤操作，捏制手法正确，外形美观。	Yes□/No□	Yes□/No□
	摆放正确	正确选择盘子，摆放符合审美要求。	Yes□/No□	Yes□/No□

评价者：＿＿＿＿＿＿＿＿＿＿

日　期：＿＿＿＿＿＿＿＿＿＿

[总结归纳]

总结教学重点，提炼操作要领

小组共同合作完成任务，通过碧绿小青菜的制作，掌握澄粉面团的调制方法以及配色手法，把面团捏塑成小青菜，以后可以制作不同形态的面塑。在完成任务的过程中，学生学会共同合作，自己动手制作，把作品转化为产品，为企业争创经济效益。

[重点要领]

教学重点

澄粉面团的调制，面团配色，小青菜捏制手法。

操作要领

水量要控制，面团揉光洁。
配色按要求，比例要恰当。
捏制步骤要清晰，捏制手法要正确。

[拓展提升]

思维的拓展，技能的提升

一、思考回答

1. 澄粉面团还可以制作哪些装饰品种？
2. 澄粉面团是否可以用其他原料替代？
3. 小青菜面塑一定要用长盘摆放吗？
4. 大家想一想小青菜还有哪些形态。

二、作业

1. 每人回家捏制一款小青菜的面塑。
2. 每人创意制作一款不同于小青菜造型的面塑。

任务4 油光紫茄子

[任务描述]

一盘点心除了口味和形态好以外，摆盘装饰也很重要。漂亮的盘饰可以激发大家的食欲。今天我们就来学用澄粉和天然色素调制面团，跟着学捏茄子面塑。

[学习目标]

1. 会调制澄粉面团。
2. 会揉制澄粉面团。
3. 会配制所需色泽的面团。

4. 掌握作品捏制的基础操作技能。

[任务实施]

边看 边想 → 边做 边学 → 总结 归纳 → 拓展 提升

[边看边想]

相关知识介绍

你知道吗？ 制作茄子需要使用的用具、原料如下：

用　具：有机玻璃板、剪刀、骨针。

原　料：澄面100克、沸水250克、色素、可可粉。

[知识链接]

用什么面团制作？

茄子用澄粉面团制作。

澄粉面团采用怎样的调制工艺流程？

下粉掺水 → 拌和 → 揉搓 → 成团

用何种水温调制面团？

沸水。

[成品要求]

色泽：紫色。

形态：逼真、大小对称。

摆放：盛器选择，适合位置。

[边做边学]

操作步骤

调制 面团 → 面团 上色 → 捏制 塑形 → 成品 摆盘

一、操作指南

操作前准备

用具：有机玻璃板、剪刀、骨针。

原料：澄面100克、沸水250克、色素、可可粉。

步骤1　调制面团

序　号 Number	流　程 Step	图　解 Comment	安全/质量 Safety/Quality
1	将澄面倒入不锈钢容器中备用。		用白鹤牌澄面，不锈钢盛器不宜太小。
2	将水烧沸倒入澄面中。		沸水要一次掺入澄面中。
3	用擀面杖搅拌均匀。		用擀面杖迅速搅拌粉团。
4	将面团倒在案板上，用擀面杖压匀。		趁热擀压面团，不要烫压到手。
5	揉制完成的面团形态。		面团表面要用保鲜膜盖上，以防表皮干燥。

步骤2　面团上色

序　号 Number	流　程 Step	图　解 Comment	安全/质量 Safety/Quality
1	用紫色素染出紫色面团。		先在面团中少掺一点紫色素，再根据需要调整色素量。
2	用绿色素染出绿色面团。		先在面团中少掺一点绿色素，再根据需要调整色素量。
3	用可可粉调出棕色面团。		先在面团中少掺一点可可粉，再根据需要调整可可粉量。
4	调出紫、棕、绿3色面团备用。		3种色泽的面团摆放需要有间距，以防串色。

步骤3　捏制塑形

序　号 Number	流　程 Step	图　解 Comment	安全/质量 Safety/Quality
1	将紫色面团揉搓成圆形。		搓时用力要均匀。

续表

序 号 Number	流 程 Step	图 解 Comment	安全/质量 Safety/Quality
2	搓出长条形茄子状。		用力要均匀，慢慢搓成一端稍粗的长条形状。
3	弯曲出茄子的造型，茄子根部略比顶部粗壮。		捏制成长条形茄子，用力要轻。
4	用棕色和绿色面团做茄子的根。		注意配色比重，色泽揉制逼真。
5	捏出根部的造型。		用手指捏制，用力要轻。
6	用剪刀剪出根部造型。		注意安全，不要剪到手指。
7	把根粘在茄子上。		手指用力要轻，手法要正确。
8	用骨针修饰茄子根部。		用力要轻，手法要正确。

序 号 Number	流 程 Step	图 解 Comment	安全/质量 Safety/Quality
9	茄子根部细长纹路自然清晰。		用骨针刻时，用力要轻。

步骤4 成品摆盘

序 号 Number	流 程 Step	图 解 Comment	安全/质量 Safety/Quality
1	用同样的方法制作出第二个茄子。		手法正确，形态逼真。
2	将两个茄子交叠摆放在黑色盘子里，刷一层薄油，激发食欲。		注意摆放的位置，根据点心的形状，将茄子摆放在适合的位置，体现整盘美观效果。

二、实操演练

小组合作完成油光紫茄子制作任务，参照表2-4中操作步骤与质量标准，进行小组技能实操训练，共同完成教师布置的任务，在制作中尽可能符合教师提出的质量要求。

（一）任务分配

1. 学生分为4组，每组发一套辅助原料及制作用具，学生先准备好两种色素，便于配制有色面团。

2. 学生自己调制面团，完成配料、掺水、揉面、成团等几个步骤。

3. 为学生提供炉灶、盛器，学生自己点燃煤气，调节火候，烧沸水调制面团，待面团冷却后进行配色，按要求捏制作品。

（二）操作条件

工作场地为一间30平方米的实训室，所需物品：炉灶4个、瓷盘8只、辅助工具8套、工作服15件、原材料等。

（三）操作标准

操作台面干净，配色恰当，外形像茄子。

（四）安全须知

调制面团时小心火候，注意不要被锅中的沸水烫伤手，安全使用工具。

三、技能测评

表2-4

被评价者：_____

训练项目	训练重点	评价标准	小组评价	教师评价
油光紫茄子	配制面团	正确选择原料，按要求配制面团。	Yes□/No□	Yes□/No□
	选择盛器安全烧水	按照要求选择盛器，用沸水烫面团，掌握掺水量，注意操作安全。	Yes□/No□	Yes□/No□
	调制面团	调制面团时，符合操作规范，面团软硬恰当。	Yes□/No□	Yes□/No□
	配制有色面团	配制方法正确，面团揉制均匀。	Yes□/No□	Yes□/No□
	捏制成形	按步骤操作，捏制手法正确，外形美观。	Yes□/No□	Yes□/No□
	摆放正确	正确选择盘子，摆放符合审美要求。	Yes□/No□	Yes□/No□

评价者：_____

日　期：_____

[总结归纳]

总结教学重点，提炼操作要领

小组共同合作完成任务，通过油光紫茄子的制作，掌握澄粉面团的调制方法以及配色手法，把面团捏塑成茄子，以后可以制作不同形态的面塑。在完成任务的过程中，学生学会共同合作，自己动手制作，把作品转化为产品，为企业争创经济效益。

[重点要领]

教学重点

澄粉面团的调制，面团配色，茄子捏制手法。

操作要领

水量要控制，面团揉光洁。

配色按要求，比例要恰当。

捏制步骤要清晰，捏制手法要正确。

[拓展提升]

思维的拓展，技能的提升

一、思考回答

1. 澄粉面团还可以制作哪些装饰品种？
2. 澄粉面团是否可以用其他原料来替代？
3. 茄子面塑一定要用长盘摆放吗？
4. 大家想一想茄子还有哪些形态。

二、作业

1. 每人回家捏制一款茄子的面塑。
2. 每人创意制作一款不同于茄子造型的面塑。

任务5　娇艳玫瑰花

[任务描述]

　　一盘点心除了口味和形态好以外，摆盘装饰也很重要。漂亮的盘饰可以激发大家的食欲。今天我们就来学用澄粉和天然色素调制面团，跟着学捏玫瑰花面塑。

[学习目标]

1. 会调制澄粉面团。
2. 会揉面、蒸制面团等。
3. 会配制所需色泽的面团。
4. 掌握作品捏制的基础操作技能。

[任务实施]

[边看边想]

相关知识介绍

你知道吗? 制作玫瑰花需要使用的用具、原料如下:

用 具: 有机玻璃板、剪刀、骨针。

原 料: 澄面100克、沸水250克、色素。

[知识链接]

用什么面团制作?

玫瑰花用澄粉面团制作。

澄粉面团采用怎样的调制工艺流程?

下粉掺水──→拌和──→揉搓──→成团

用何种水温调制面团?

沸水。

[成品要求]

色泽: 粉红色。

形态: 逼真、大小对称。

摆放: 盛器选择, 适合位置。

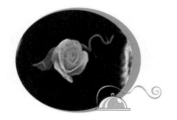

[边做边学]

操作步骤

一、操作指南

操作前准备

用具: 有机玻璃板、剪刀、骨针。

原料: 澄面100克、沸水250克、色素。

步骤1　调制面团

序　号 Number	流　程 Step	图　解 Comment	安全/质量 Safety/Quality
1	将澄面倒入不锈钢容器中备用。		用白鹤牌澄面，不锈钢盛器不宜太小。
2	将水烧沸倒入澄面中。		沸水要一次掺入澄面中。
3	用擀面杖搅拌均匀。		用擀面杖迅速搅拌粉团。
4	将面团倒在案板上，用擀面杖压匀。		趁热擀压面团，不要烫压到手。
5	揉制完成的面团形态。		面团表面要用保鲜膜盖上，以防表皮干燥。

步骤2　面团上色

序　号 Number	流　程 Step	图　解 Comment	安全/质量 Safety/Quality
1	用橙色素染出橙色面团。		先在面团中少掺一点橙色素，再根据需要调整色素量。

续表

序　号 Number	流　程 Step	图　解 Comment	安全/质量 Safety/Quality
2	用绿色素染出绿色面团。		先在面团中少掺一点绿色素，再根据需要调整色素量。
3	用红色素染出红色面团。		先在面团中少掺一点红色素，再根据需要调整色素量。
4	用红色和白色面团揉和出粉色面团。		注意两种色素面团掺和的比重，便于调制出的颜色是粉色。
5	调出橙、绿、粉、红4色面团备用。		4种色泽的面团摆放需要有间距，以防串色。

步骤3　捏制塑形

序　号 Number	流　程 Step	图　解 Comment	安全/质量 Safety/Quality
1	将粉色面团按出薄片，卷出花心。		手指卷花心时，注意手法正确。
2	将粉色面团用手压扁，做花瓣状若干片。		压面皮时，注意用力均匀。

序 号 Number	流 程 Step	图 解 Comment	安全/质量 Safety/Quality
3	用花瓣将花心包裹。		由小花瓣从里往外包裹，花瓣形态自然。
4	将花瓣边角外翻。		粘贴花瓣要松紧适当，玫瑰花才可以娇艳欲滴。
5	将花瓣依次围绕花心粘贴，做出花型。		形态逼真，美观。
6	用绿色和橙色揉出叶子色。		两种色泽面团要揉搓均匀。
7	搓出长条，做出叶茎。		注意搓条时用力均匀。
8	另取一块面团，一端搓尖、按薄，做出叶子。		注意压薄时用力均匀。
9	用骨针刻出叶子纹路。		注意用力要均匀，手法正确。

步骤4　成品摆盘

序号 Number	流程 Step	图解 Comment	安全/质量 Safety/Quality
1	将玫瑰花、玫瑰叶、茎组合。		组合的步骤要清晰。
2	将成品放入黑色的盘子里。		注意摆放的位置，根据点心的形状，玫瑰花摆放在适合的地方，体现整盘美观效果。

二、实操演练

小组合作完成娇艳玫瑰花制作任务，参照表2-5中操作步骤与质量标准，进行小组技能实操训练，共同完成教师布置的任务，在制作中尽可能符合教师提出的质量要求。

（一）任务分配

1.学生分为4组，每组发一套辅助原料及制作用具，学生先准备好天然色素，便于配制有色面团。

2.学生自己调制面团，完成配料、掺水、揉面、成团等几个步骤。

3.为学生提供炉灶、盛器，学生自己点燃煤气，调节火候，烧沸水调制面团，待面团冷却后进行配色，按要求捏制作品。

（二）操作条件

工作场地为一间30平方米的实训室，所需物品：炉灶4个、瓷盘8只、辅助工具8套、工作服15件、原材料等。

（三）操作标准

操作台面干净，配色恰当，外形像玫瑰花。

（四）安全须知

调制面团时小心火候，注意不要被锅中的沸水烫伤手，安全使用工具。

三、技能测评

表2-5

被评价者：_____

训练项目	训练重点	评价标准	小组评价	教师评价
娇艳玫瑰花	配制面团	正确选择原料，按要求配制面团。	Yes□/No□	Yes□/No□
	选择盛器安全烧水	按照要求选择盛器，用沸水烫面团，掌握掺水量，注意操作安全。	Yes□/No□	Yes□/No□
	调制面团	调制面团时，符合操作规范，面团软硬恰当。	Yes□/No□	Yes□/No□
	配制有色面团	配制方法正确，面团揉制均匀。	Yes□/No□	Yes□/No□
	捏制成形	按步骤操作，捏制手法正确，外形美观。	Yes□/No□	Yes□/No□
	摆放正确	正确选择盘子，摆放符合审美要求。	Yes□/No□	Yes□/No□

评价者：_____

日　期：_____

[总结归纳]

总结教学重点，提炼操作要领

　　小组共同合作完成任务，通过娇艳玫瑰花的制作，掌握澄粉面团的调制方法以及配色手法，把面团捏塑成玫瑰花，以后可以制作不同形态的面塑。在完成任务的过程中，学生学会共同合作，自己动手制作，把作品转化为产品，为企业争创经济效益。

[重点要领]

教学重点

澄粉面团的调制，面团配色，玫瑰花捏制手法。

操作要领

水量要控制，面团揉光洁。
配色按要求，比例要恰当。
捏制步骤要清晰，捏制手法要正确。

[拓展提升]

思维的拓展，技能的提升

一、思考回答

1. 澄粉面团还可以制作哪些装饰品种？
2. 澄粉面团是否可以用其他原料来替代？
3. 玫瑰花面塑一定要用长盘摆放吗？
4. 大家想一想玫瑰花还有哪些形态。

二、作业

1. 每人回家捏制一款玫瑰花的面塑。
2. 每人创意制作一款不同于玫瑰花造型的面塑。

任务6　亭亭玉立水仙花

[任务描述]

一盘点心除了口味和形态好以外，摆盘装饰也很重要。漂亮的盘饰可以激发大家的食欲。今天我们就来学用澄粉和天然色素调制面团，跟着学捏水仙花面塑。

[学习目标]

1. 会调制澄粉面团。
2. 会揉制澄粉面团。
3. 会配制所需色泽的面团。
4. 掌握作品捏制的基础操作技能。

[任务实施]

边看边想　　边做边学　　总结归纳　　拓展提升

[边看边想]

你知道吗？ 制作水仙花需要使用的用具、原料如下：

用　具：有机玻璃板、剪刀、骨针。

原　料：澄面100克、沸水250克、色素。

[知识链接]

用什么面团制作？

水仙花用澄粉面团制作。

澄粉面团采用怎样的调制工艺流程？

下粉掺水 → 拌和 → 揉搓 → 成团

用何种水温调制面团？

沸水。

[成品要求]

色泽：本色。

形态：逼真、大小对称。

摆放：盛器选择，适合位置。

[边做边学]

操作步骤

一、操作指南

操作前准备

用具：有机玻璃板、剪刀、骨针。

原料：澄面100克、沸水250克、色素。

🍲 步骤1　调制面团

序　号 Number	流　程 Step	图　解 Comment	安全/质量 Safety/Quality
1	将澄面倒入不锈钢容器中备用。		用白鹤牌澄面，不锈钢盛器不宜太小。
2	将水烧沸倒入澄面中。		沸水要一次掺入澄面中。
3	用擀面杖搅拌均匀。		用擀面杖迅速搅拌粉团。
4	将面团倒在案板上，用擀面杖压匀。		趁热擀压面团，不要烫压到手。
5	揉制完成的面团形态。		面团表面要用保鲜膜盖上，以防表皮干燥。

🍲 步骤2　面团上色

序　号 Number	流　程 Step	图　解 Comment	安全/质量 Safety/Quality
1	用绿色素染出绿色面团。		先在面团中少掺一点绿色素，再根据需要调整色素量。

序　号 Number	流　程 Step	图　解 Comment	安全/质量 Safety/Quality
2	用黄色素染出黄色面团。		先在面团中少掺一点黄色素，再根据需要调整色素量。

🍲 **步骤3　捏制塑形**

序　号 Number	流　程 Step	图　解 Comment	安全/质量 Safety/Quality
1	取黄色面团做出圆柱形花柱。		把握好花柱的大小。
2	取黄色面团搓出小的柱条状花心。		用力均匀，花心大小一致。
3	用骨针将花心组合。		十字相交黏合。
4	分出6个本色面团做花瓣。		大小、分量均匀一致。
5	将分好的本色面团放在有机玻璃板下。		用有机玻璃板压着面团轻轻搓压。

续表

序 号 Number	流 程 Step	图 解 Comment	安全/质量 Safety/Quality
6	用有机玻璃板压出花瓣。		用力均匀，压扁成花瓣。
7	压好后的薄片花形态，用同样的方法将余下的5个本色面团全部制作成花瓣薄片。		轻轻取出压扁的花瓣。
8	将花瓣薄片放在食指顶部，另一只手向内收。		手法要正确，动作要轻。
9	花瓣底部收紧后，自然形成花瓣中上部的弯曲弧度形态。		花瓣形态要自然。
10	将做好的花瓣以花柱为中心，粘贴在一起。		手指用力要轻，注意粘贴位置。
11	组合好花瓣后的水仙花端庄大气。		整合花瓣的形状。
12	用骨针将小花心组合在花柱上。		用力要轻，注意花心的位置。

序　号 Number	流　程 Step	图　解 Comment	安全/质量 Safety/Quality
13	用有机玻璃板搓出长条形叶子。		用力均匀，压扁成花瓣。
14	用有机玻璃板压出长条形叶子。		用有机玻璃板压着面团轻轻搓压。
15	用有机玻璃板刻出叶子纹路，用同样的方法再做几片叶子。		有机玻璃板刻压花纹时两手用力要轻。

🍲 **步骤4　成品摆盘**

序　号 Number	流　程 Step	图　解 Comment	安全/质量 Safety/Quality
1	放在白色盘子里的水仙花亭亭玉立，犹如凌波仙子，叶色翠绿，花朵黄白。		组合的步骤要清晰。
2	放在黑色盘子里的水仙端庄优雅，仪态超俗。		注意摆放的位置，根据点心的形状，水仙花摆放在适合的地方，体现整盘美观效果。

二、实操演练

　　小组合作完成亭亭玉立水仙花制作任务，参照表2-6中操作步骤与质量标准，进行小组技能实操训练，共同完成教师布置的任务，在制作中尽可能符合教师提出的质量要求。

（一）任务分配

1.学生分为4组，每组发一套辅助原料及制作用具，学生先准备好天然色素，便于配制有色面团。

2.学生自己调制面团，完成配料、掺水、揉面、成团等几个步骤。

3.为学生提供炉灶、盛器，学生自己点燃煤气，调节火候，烧沸水调制面团，待面团冷却后进行配色，按要求捏制作品。

（二）操作条件

工作场地为一间30平方米的实训室，所需物品：炉灶4个、瓷盘8只、辅助工具8套、工作服15件、原材料等。

（三）操作标准

操作台面干净，配色恰当，外形像水仙花。

（四）安全须知

调制面团时小心火候，注意不要被锅中的水烫伤手，安全使用工具。

三、技能测评

表2-6

被评价者：_____

训练项目	训练重点	评价标准	小组评价	教师评价
亭玉水仙花	配制面团	正确选择原料，按要求配制面团。	Yes□/No□	Yes□/No□
	选择盛器安全烧水	按照要求选择盛器，用沸水烫面团，掌握掺水量，注意操作安全。	Yes□/No□	Yes□/No□
	调制面团	调制面团时，符合操作规范，面团软硬恰当。	Yes□/No□	Yes□/No□
	配制有色面团	配制方法正确，面团揉制均匀。	Yes□/No□	Yes□/No□
	捏制成形	按步骤操作，捏制手法正确，外形美观。	Yes□/No□	Yes□/No□
	摆放正确	正确选择盘子，摆放符合审美要求。	Yes□/No□	Yes□/No□

评价者：_____

日　期：_____

[总结归纳]

总结教学重点，提炼操作要领

小组共同合作完成任务，通过亭亭玉立水仙花的制作，掌握澄粉面团的调制方法以及配色手法，把面团捏塑成水仙花，以后可以制作不同形态的面塑。在完成任务的过程中，学生学会共同合作，自己动手制作，把作品转化为产品，为企业争创经济效益。

[重点要领]

教学重点

澄粉面团的调制，面团配色，水仙花捏制手法。

操作要领

水量要控制，面团揉光洁。

配色按要求，比例要恰当。

捏制步骤要清晰，捏制手法要正确。

[拓展提升]

思维的拓展，技能的提升

一、思考回答

　　1. 澄粉面团还可以制作哪些装饰品种?

　　2. 澄粉面团是否可以用其他原料替代?

　　3. 水仙花面塑一定要用长盘摆放吗?

　　4. 大家想一想水仙花还有哪些形态。

二、作业

　　1. 每人回家捏制一款水仙花的面塑。

　　2. 每人创意制作一款不同于水仙花造型的面塑。

任务7　绚丽马蹄莲

[任务描述]

　　一盘点心除了口味和形态好以外，摆盘装饰也很重要。漂亮的盘饰可以激发大家的食欲。今天我们就来学用澄粉和天然色素调制面团，跟着学捏马蹄莲面塑。

[学习目标]

　　1. 会调制澄粉面团。

　　2. 会揉制澄粉面团。

　　3. 会配制所需色泽的面团。

4.掌握作品捏制的基础操作技能。

[任务实施]

边看边想 —— 边做边学 —— 总结归纳 —— 拓展提升

[边看边想]

相关知识介绍

你知道吗？ 制作马蹄莲需要使用的用具、原料如下：

用　具：有机玻璃板、剪刀、骨针。

原　料：澄面100克、沸水250克、色素。

[知识链接]

用什么面团制作？

马蹄莲用澄粉面团制作。

澄粉面团采用怎样的调制工艺流程？

下粉掺水 → 拌和 → 揉搓 → 成团

用何种水温调制面团？

沸水。

[成品要求]

色泽：本色。

形态：逼真、大小对称。

摆放：盛器选择，适合位置。

[边做边学]

操作步骤

调制面团 → 面团上色 → 捏制塑形 → 成品摆盘

一、操作指南

🍲 操作前准备

用具：有机玻璃板、剪刀、骨针。

原料：澄面100克、沸水250克、色素。

🍲 步骤1　调制面团

序　号 Number	流　程 Step	图　解 Comment	安全/质量 Safety/Quality
1	将澄面倒入不锈钢容器中备用。		用白鹤牌澄面，不锈钢盛器不宜太小。
2	将水烧沸倒入澄面中。		沸水要一次掺入澄面中。
3	用擀面杖搅拌均匀。		用擀面杖迅速搅拌粉团。
4	将面倒在案板上，用擀面杖压匀。		趁热擀压面团，不要烫压到手。
5	揉制完成的面团形态。		面团表面要用保鲜膜盖上，以防表皮干燥。

步骤2 面团上色

序 号 Number	流 程 Step	图 解 Comment	安全/质量 Safety/Quality
1	用绿色素染出绿色面团。		先在面团中少掺一点绿色素，再根据需要调整色素量。
2	用黄色素染出黄色面团。		先在面团中少掺一点黄色素，再根据需要调整色素量。
3	用橙色素染出橙色面团。		先在面团中少掺一点橙色素，再根据需要调整色素量。
4	调出黄、绿、橙、白4色面团备用。		4种色泽的面团摆放需要有间距，以防串色。

步骤3 捏制塑形

序 号 Number	流 程 Step	图 解 Comment	安全/质量 Safety/Quality
1	将黄色面团和绿色面团相接，制作花蕾。		注意两种面团相接的比例。
2	将面团搓长，黄色花心部分略尖。		揉搓黄色面团时用力要重。

序　号 Number	流　程 Step	图　解 Comment	安全/质量 Safety/Quality
3	少许绿色面团加白色面团制作花瓣。		绿色面团粘在白色面团一端，不要揉和。
4	用有机玻璃板将白色一端搓尖。		用力要均匀，搓成一头粗，一头细。
5	用有机玻璃板将花瓣压扁。		压扁时，用力要轻。
6	将花蕾长条放在花瓣上。		注意黄色一端，应放在花瓣中间。
7	将白色花瓣卷起包裹黄色花蕾。		注意卷起的部位，接近绿色长条处。
8	将花瓣往外翻形成自然美。		用手指轻轻地往外翻。
9	取绿色面团，用有机玻璃板压出长条形叶子。		用力均匀，压扁成花叶。

续表

序　号 Number	流　程 Step	图　解 Comment	安全/质量 Safety/Quality
10	用有机玻璃板刻出叶子纹路，用同样的方法再做几片叶子。		有机玻璃板刻压花纹时两手用力要轻。
11	马蹄莲花和马蹄莲叶的组合。		合理组合，动作要轻。

步骤4　成品摆盘

序　号 Number	流　程 Step	图　解 Comment	安全/质量 Safety/Quality
1	两朵马蹄莲放在黑色盘子里，有种相濡以沫、优雅高贵的感觉。		注意摆放的位置，根据点心的形状，将马蹄莲花摆放在适合的位置，体现整盘美观效果。

二、实操演练

小组合作完成绚丽马蹄莲制作任务，参照表2-7中操作步骤与质量标准，进行小组技能实操训练，共同完成教师布置的任务，在制作中尽可能符合教师提出的质量要求。

（一）任务分配

1. 学生分为4组，每组发一套辅助原料及制作用具，学生先准备好天然色素，便于配制有色面团。

2. 学生自己调制面团，完成配料、掺水、揉面、成团等几个步骤。

3. 为学生提供炉灶、盛器，学生自己点燃煤气，调节火候，烧沸水调制面团，待面团冷却后进行配色，按要求捏制作品。

（二）操作条件

工作场地为一间30平方米的实训室，所需物品：炉灶4个、瓷盘8只、辅助工具8套、工作服15件、原材料等。

（三）操作标准

操作台面干净，配色恰当，外形像马蹄莲花。

（四）安全须知

调制面团时小心火候，注意不要被锅中的水烫伤手，安全使用工具。

三、技能测评

表2-7

被评价者：_____

训练项目	训练重点	评价标准	小组评价	教师评价
绚丽马蹄莲	配制面团	正确选择原料，按要求配制面团。	Yes□/No□	Yes□/No□
	选择盛器 安全烧水	按照要求选择盛器，用沸水烫面团，掌握掺水量，注意操作安全。	Yes□/No□	Yes□/No□
	调制面团	调制面团时，符合操作规范，面团软硬恰当。	Yes□/No□	Yes□/No□
	配制有色面团	配制方法正确，面团揉制均匀。	Yes□/No□	Yes□/No□
	捏制成形	按步骤操作，捏制手法正确，外形美观。	Yes□/No□	Yes□/No□
	摆放正确	正确选择盘子，摆放符合审美要求。	Yes□/No□	Yes□/No□

评价者：_____

日　期：_____

[总结归纳]

总结教学重点，提炼操作要领

小组共同合作完成任务，通过绚丽马蹄莲的制作，掌握澄粉面团的调制方法以及配色手法，把面团捏塑成马蹄莲，以后可以制作不同形态的面塑。在完成任务的过程中，学生学会共同合作，自己动手制作，把作品转化为产品，为企业争创经济效益。

[重点要领]

教学重点

澄粉面团的调制，面团配色，马蹄莲捏制手法。

操作要领

水量要控制，面团揉光洁。

配色按要求，比例要恰当。

捏制步骤要清晰，捏制手法要正确。

[拓展提升]

思维的拓展，技能的提升

一、思考回答

1. 澄粉面团还可以制作哪些装饰品种？
2. 澄粉面团是否可以用其他原料替代？
3. 马蹄莲面塑一定要用长盘摆放吗？
4. 大家想一想马蹄莲还有哪些形态。

二、作业

1. 每人回家捏制一款马蹄莲的面塑。
2. 每人创意制作一款不同于马蹄莲造型的面塑。

任务8　鲜艳康乃馨

[任务描述]

　　一盘点心除了口味和形态好以外，摆盘装饰也很重要。漂亮的盘饰可以激发大家的食欲。今天我们就来学用澄粉和天然色素调制面团，跟着学捏康乃馨面塑。

[学习目标]

1. 会调制澄粉面团。
2. 会揉制澄粉面团。
3. 会配制所需色泽的面团。
4. 掌握作品捏制的基础操作技能。

[任务实施]

边看边想　　边做边学　　总结归纳　　拓展提升

[边看边想]

你知道吗？　制作康乃馨需要使用的用具、原料如下：

用　具：有机玻璃板、剪刀、骨针。

原　料：澄面100克、沸水250克、色素。

[知识链接]

用什么面团制作？

康乃馨用澄粉面团制作。

澄粉面团采用怎样的调制工艺流程？

下粉掺水 → 拌和 → 揉搓 → 成团

用何种水温调制面团？

沸水。

[成品要求]

色泽：本色。

形态：逼真、大小对称。

摆放：盛器选择，适合位置。

[边做边学]

操作步骤

调制面团 → 面团上色 → 捏制塑形 → 成品摆盘

一、操作指南

 **操作前准备**

用具：有机玻璃板、剪刀、骨针。

原料：澄面100克、沸水250克、色素。

步骤1　调制面团

序　号 Number	流　程 Step	图　解 Comment	安全/质量 Safety/Quality
1	将澄面倒入不锈钢容器中备用。		用白鹤牌澄面，不锈钢盛器不宜太小。
2	将水烧沸倒入澄面中。		沸水要一次掺入澄面中。
3	用擀面杖搅拌均匀。		用擀面杖迅速搅拌粉团。
4	将面团倒在案板上，用擀面杖压匀。		趁热擀压面团，不要烫压到手。
5	揉制完成的面团形态。		面团表面要用保鲜膜盖上，以防表皮干燥。

步骤2　面团上色

序　号 Number	流　程 Step	图　解 Comment	安全/质量 Safety/Quality
1	用红色素染出红色面团。		先在面团中少掺一点红色素，再根据需要调整色素量。

序　号 Number	流　程 Step	图　解 Comment	安全/质量 Safety/Quality
2	用绿色素染出绿色面团。		先在面团中少掺一点绿色素，再根据需要调整色素量。
3	紫色素加少许水调和。		先在紫色素中掺一点冷水，再根据需要调整色素量。

步骤3　捏制塑形

序　号 Number	流　程 Step	图　解 Comment	安全/质量 Safety/Quality
1	将红色面团和白色面团揉出粉色面团。		注意两种色泽面团的掺和比例。
2	将粉色面团分割成若干小团做花瓣。		掌握分割面团的大小。
3	用推捏方法捏出花瓣花纹。		手法正确，用力要轻。
4	花瓣纹路均匀。		注意推捏花纹时的间距。

续表

序 号 Number	流 程 Step	图 解 Comment	安全/质量 Safety/Quality
5	将捏完的几个花瓣包裹起来。		注意包裹的手法，用力要轻。
6	包裹花瓣要注意花的形态自然逼真。		由里向外包裹，花瓣上面松开，下面粘住。
7	完整的粉色康乃馨。		花瓣包裹完成后，注意修整定型。
8	取本色面团，分割成若干小团，制作白色康乃馨。		掌握分割面团的大小。
9	用制作粉色康乃馨花瓣的手法，制作出白色康乃馨的花瓣。		手法正确，用力要轻。
10	捏住白色花瓣边缘，少蘸一些紫色素。		注意蘸紫色素的手法。
11	将蘸过紫色素的花瓣互相包裹。		注意包裹的手法，用力要轻。

续表

序　号 Number	流　程 Step	图　解 Comment	安全/质量 Safety/Quality
12	白色康乃馨的制作完成。		花瓣包裹完成后，注意修整定型。
13	用绿色面团做出康乃馨的叶子。		绿色面团的尖部尽量不要粘上黄色面团，用骨针刻出叶纹。

步骤4　成品摆盘

序　号 Number	流　程 Step	图　解 Comment	安全/质量 Safety/Quality
1	将两朵花与绿色叶子组合。		组合的步骤要清晰。
2	放在黑色盘子里的康乃馨绚丽鲜艳。		注意摆放的位置，根据点心的形状，将康乃馨摆放在适合的位置，体现整盘美观效果。

二、实操演练

小组合作完成鲜艳康乃馨制作任务，参照表2-8中操作步骤与质量标准，进行小组技能实操训练，共同完成教师布置的任务，在制作中尽可能符合教师提出的质量要求。

（一）任务分配

1. 学生分为4组，每组发一套辅助原料及制作的用具，学生先准备好天然色素，便于配制有色面团。

2. 学生自己调制面团，完成配料、掺水、揉面、成团等几个步骤。

3. 为学生提供炉灶、盛器，学生自己点燃煤气，调节火候，烧沸水调制面团，待面团冷却后进行配色，按要求捏制作品。

（二）操作条件

工作场地为一间30平方米的实训室，所需物品：炉灶4个、瓷盘8只、辅助工具8套、工作服15件、原材料等。

（三）操作标准

操作台面干净，配色恰当，外形像康乃馨。

（四）安全须知

调制面团时小心火候，注意不要被锅中的水烫伤手，安全使用工具。

三、技能测评

表2-8

被评价者：_____

训练项目	训练重点	评价标准	小组评价	教师评价
鲜艳康乃馨	配制面团	正确选择原料，按要求配制面团。	Yes□/No□	Yes□/No□
	选择盛器安全烧水	按照要求选择盛器，用沸水烫面团，掌握掺水量，注意操作安全。	Yes□/No□	Yes□/No□
	调制面团	调制面团时，符合操作规范，面团软硬恰当。	Yes□/No□	Yes□/No□
	配制有色面团	配制方法正确，面团揉制均匀。	Yes□/No□	Yes□/No□
	捏制成形	按步骤操作，捏制手法正确，外形美观。	Yes□/No□	Yes□/No□
	摆放正确	正确选择盘子，摆放符合审美要求。	Yes□/No□	Yes□/No□

评价者：_____

日　　期：_____

[总结归纳]

总结教学重点，提炼操作要领

小组共同合作完成任务，通过鲜艳康乃馨的制作，掌握澄粉面团的调制方法以及配色手法，把面团捏塑成康乃馨，以后可以制作不同形态的面塑。在完成任务的过程中，学生学会共同合作，自己动手制作，把作品转化为产品，为企业争创经济效益。

[重点要领]

教学重点

澄粉面团的调制，面团配色，康乃馨捏制手法。

操作要领

水量要控制，面团揉光洁。
配色按要求，比例要恰当。
捏制步骤要清晰，捏制手法要正确。

[拓展提升]

思维的拓展，技能的提升

一、思考回答

1. 澄粉面团还可以制作哪些装饰品种?
2. 澄粉面团是否可以用其他原料替代?
3. 康乃馨面塑一定要用长盘摆放吗?
4. 大家想一想康乃馨还有哪些形态。

二、作业

1. 每人回家捏制一款康乃馨的面塑。
2. 每人创意制作一款不同于康乃馨造型的面塑。

任务9　荷塘蛙鸣制作

[任务描述]

一盘点心除了口味和形态好以外，摆盘装饰也很重要。漂亮的盘饰可以激发大家的食欲。今天我们就来学用黏米粉加糯米粉以及天然色素调制面团，跟着学捏荷塘蛙鸣面塑。

[学习目标]

1. 会调制米粉面团。
2. 会揉面、蒸制面团等。
3. 会配制所需色泽的面团。
4. 掌握作品捏制的基础操作技能。

[任务实施]

边看边想 —— 边做边学 —— 总结归纳 —— 拓展提升

[边看边想]

你知道吗？制作荷塘蛙鸣需要使用的用具、原料如下：

用　具：骨针1把、剪刀1把。

原　料：黏米粉60克、糯米粉40克、吉士粉、胡萝卜泥、抹茶粉、可可粉、红椒粉、墨鱼汁、芝麻若干。

[知识链接]

用什么面团制作？

荷塘蛙鸣用黏米粉面团制作。

米粉面团采用怎样的调制工艺流程？

下粉掺水 —→ 拌和 —→ 揉搓 —→ 蒸面

用何种方法调制面团？

蒸制法。

[成品要求]

色泽：本色。

形态：逼真、大小对称。

摆放：盛器选择，适合位置。

[边做边学]

操作步骤

制团 → 塑形

一、操作指南

操作前准备

用具：骨针1把、剪刀1把。

原料：黏米粉60克、糯米粉40克、吉士粉、胡萝卜泥、抹茶粉、可可粉、红椒粉、墨鱼汁、芝麻若干。

步骤1 制团

序　号 Number	流　程 Step	图　解 Comment	安全/质量 Safety/Quality
1	将黏米粉混入糯米粉中，加入42克冷水调制。		上笼蒸10分钟，成熟后冷却待用。
2	25克吉士粉团、15克胡萝卜粉团、15克可可粉团、35克抹茶粉团。		4种色泽的面团摆放要有间距，以防串色。

步骤2 塑形

序　号 Number	流　程 Step	图　解 Comment	安全/质量 Safety/Quality
1	用可可粉团做鹅卵石，用抹茶粉团加入少许吉士粉团做荷花的叶和茎。		用本色粉团加红椒粉团做荷花，放入烘箱低温烘烤，达到一定硬度待用。
2	取墨鱼汁粉团，揉成水滴形，在1/3处用骨针刻一圈并微微往上翻。		注意骨针刻面团的位置。

107

续表

序 号 Number	流 程 Step	图 解 Comment	安全/质量 Safety/Quality
3	贴上三角形耳朵，在耳窝中贴入本色粉团。		在猫的脸部贴上眼睛、胡须及粉色的小鼻子。
4	用本色粉团包裹粉色面团，贴在猫的身体上、尾巴上、爪子上。		用抹茶粉团加胡萝卜粉团制成肉冠贴在猫的身体上、尾巴上和爪子上。
5	用抹茶粉团做青蛙身体，贴在白肚子上。		白肚子应贴于青蛙身子的2/3处，留出头部的位置，并与整个身子融为一体。
6	用本色粉团搓成圆球嵌入青蛙眼窝里，用芝麻点睛。		眼球应凸出来，不要凹进去。
7	把烤好的荷花组合好，在一片荷叶上坐着一只青蛙，并鼓起腮帮子。		把黑猫卧于岸边，伸出一爪，作品完成。

二、实操演练

小组合作完成荷塘蛙鸣制作任务，参照表2-9中操作步骤与质量标准，进行小组技能实操训练，共同完成教师布置的任务，在制作中尽可能符合教师提出的质量要求。

（一）任务分配

1. 学生分为4组，每组发一套辅助原料及制作用具，学生先准备好天然色素，便于配制有色面团。

2. 学生自己调制面团，完成配料、掺水、揉面、成团等几个步骤。

3. 为学生提供炉灶、蒸笼，学生自己点燃煤气，调节火候，蒸熟面团，待面团冷却后进行配色，按要求捏制作品。

（二）操作条件

工作场地为一间30平方米的实训室，所需物品：炉灶4个、瓷盘8只、辅助工具8套、工作服15件、原材料等。

（三）操作标准

操作台面干净，配色恰当，外形像荷塘蛙鸣。

（四）安全须知

蒸制面团时小心火候，注意不要被锅中的水烫伤手，安全使用工具。

三、技能测评

表2-9

被评价者：_____

训练项目	训练重点	评价标准	小组评价	教师评价
荷塘蛙鸣捏制	配制面团	正确选择原料，按要求配制面团。	Yes□/No□	Yes□/No□
	调制面团	调制面团时，符合操作规范，面团软硬恰当。	Yes□/No□	Yes□/No□
	蒸制面团	按照要求蒸制面团，掌握蒸制时间，注意操作安全。	Yes□/No□	Yes□/No□
	配制有色面团	配制方法正确，面团揉制均匀。	Yes□/No□	Yes□/No□
	捏制成形	按步骤操作，捏制手法正确，外形美观。	Yes□/No□	Yes□/No□
	摆放正确	正确选择盘子，摆放符合审美要求。	Yes□/No□	Yes□/No□

评价者：_____

日　期：_____

[总结归纳]

总结教学重点，提炼操作要领

小组共同合作完成任务，通过荷塘蛙鸣捏制的制作，掌握米粉面团的调制方法以及配色手法，把面团捏塑成荷塘蛙鸣，以后可以制作不同形态的面塑。在完成任务的过程中，学生学会共同合作，自己动手制作，把作品转化为产品，为企业争创经济效益。

[重点要领]

教学重点

米粉面团的调制，面团配色，荷塘蛙鸣捏制手法。

操作要领

水量要控制，面团揉光洁。

配色按要求，比例要恰当。

捏制步骤要清晰，捏制手法要正确。

[拓展提升]

思维的拓展，技能的提升

一、思考回答

　　1. 米粉面团还可以制作哪些装饰品种？

　　2. 黏米粉是否可以用其他原料替代？

　　3. 荷塘蛙鸣面塑一定要用长盘摆放吗？

　　4. 大家想一想荷塘蛙鸣还有哪些形态。

二、作业

　　1. 每人回家捏制一款荷塘蛙鸣的面塑。

　　2. 每人创意制作一款不同于荷塘蛙鸣的面塑。

 **任务10　金鱼戏水制作**

[任务描述]

　　一盘点心除了口味和形态好以外，摆盘装饰也很重要。漂亮的盘饰可以激发大家的食欲。今天我们就来学用黏米粉加糯米粉和天然色素调制面团，跟着学捏金鱼面塑。

[学习目标]

　　1. 会调制米粉面团。

　　2. 会揉面、蒸制面团等。

　　3. 会配制所需色泽的面团。

　　4. 掌握作品捏制的基础操作技能。

[任务实施]

边看边想　边做边学　总结归纳　拓展提升

[边看边想]

相关知识介绍

你知道吗？制作金鱼戏水需要使用的用具、原料如下：

用　具：骨针1把、剪刀1把。

原　料：黏米粉60克、糯米粉40克、咸蛋黄、吉士粉、胡萝卜泥、抹茶粉、可可粉、红椒粉、墨鱼汁、芝麻若干。

[知识链接]

用什么面团制作？

金鱼用黏米粉面团制作。

米粉面团采用怎样的调制工艺流程？

下粉掺水 → 拌和 → 揉搓 → 蒸面

用何种方法调制面团？

蒸制法。

[成品要求]

色泽：本色。

形态：逼真、大小对称。

摆放：盛器选择，适合位置。

[边做边学]

操作步骤

制团 ➡ 塑形

一、操作指南

 **操作前准备**

用具：骨针1把、剪刀1把。

原料：黏米粉60克、糯米粉40克、咸蛋黄、吉士粉、胡萝卜泥、抹茶粉、可可粉、红椒粉、墨鱼汁、芝麻若干。

步骤1 制团

序 号 Number	流 程 Step	图 解 Comment	安全/质量 Safety/Quality
1	黏米粉混入糯米粉，加入55克清水，上笼蒸10分钟，成熟后冷却待用。		面团蒸好冷却后放在常温中即可。
2	调色：15克咸蛋黄粉团、35克吉士粉（淡）团、15克胡萝卜粉团、15克可可粉团、25克抹茶粉团、5克红椒粉团、45克本色粉团。		7种色泽的面团摆放要有间距，以防串色。

步骤2 塑形

序 号 Number	流 程 Step	图 解 Comment	安全/质量 Safety/Quality
1	15克本色粉团混入红椒粉、可可粉、抹茶粉及黑色粉团做鹅卵石，用抹茶粉团做水草待用。		注意面团掺色的比例，先少掺一点色素，再根据需要调整色素量。
2	取咸蛋黄粉团，混入本色粉团和红椒粉团，揉成橄榄形。		注意3种色泽的粉团的掺和比例。
3	一头搓长微微往上翻，另一头搓尖压扁，做成鱼尾。		按步骤操作，手法正确。

序　号 Number	流　程 Step	图　解 Comment	安全/质量 Safety/Quality
4	往粉团中间剪一下，左右两边各剪一下，在粉团的1/3处束紧制成金鱼身体。		按要求进行操作，注意不要剪到手。
5	用胡萝卜粉团掺杂本色粉团分别做成鱼鳍、鱼鳃、鱼嘴贴在鱼身上。		粉团掺和的比例及鱼鳞的大小，粘贴的手法。
6	用本色粉团制成鱼眼嵌入眼窝里，用芝麻点睛。		注意粉团的大小，眼睛的位置。
7	用红椒粉团制成肉冠贴在鱼头部。		肉冠的制作及粘贴的位置。
8	把两条金鱼头对头摆放，呈S形。		在周边摆放零散的鹅卵石和水草，作品完成。

二、实操演练

小组合作完成金鱼戏水制作任务，参照表2-10中操作步骤与质量标准，进行小组技能实操训练，共同完成教师布置的任务，在制作中尽可能符合教师提出的质量要求。

（一）任务分配

1. 学生分为4组，每组发一套辅助原料及制作用具，学生先准备好天然色素，便于配制有色面团。

2. 学生自己调制面团，完成配料、掺水、揉面、成团等几个步骤。

3. 为学生提供炉灶、蒸笼，学生自己点燃煤气，调节火候，蒸熟面团，待面团冷却后进行配色，按要求捏制作品。

（二）操作条件

工作场地为一间30平方米的实训室，所需物品：炉灶4个、瓷盘8只、辅助工具8套、工

作服15件、原材料等。

（三）操作标准

操作台面干净，配色恰当，外形像金鱼。

（四）安全须知

蒸制面团时小心火候，注意不要被锅中的水烫伤手，安全使用工具。

三、技能测评

表2-10

被评价者：_____

训练项目	训练重点	评价标准	小组评价	教师评价
金鱼戏水捏制	配制面团	正确选择原料，按要求配制面团。	Yes□/No□	Yes□/No□
	调制面团	调制面团时，符合操作规范，面团软硬恰当。	Yes□/No□	Yes□/No□
	蒸制面团	按照要求蒸制面团，掌握蒸制时间，注意操作安全。	Yes□/No□	Yes□/No□
	配制有色面团	配制方法正确，面团揉制均匀。	Yes□/No□	Yes□/No□
	捏制成形	按步骤操作，捏制手法正确，外形美观。	Yes□/No□	Yes□/No□
	摆放正确	正确选择盘子，摆放符合审美要求。	Yes□/No□	Yes□/No□

评价者：_____

日　期：_____

[总结归纳]

总结教学重点，提炼操作要领

小组共同合作完成任务，通过金鱼戏水的制作，掌握米粉面团的调制方法以及配色手法，把面团捏塑成金鱼，以后可以制作不同形态的面塑。在完成任务的过程中，学生学会共同合作，自己动手制作，把作品转化为产品，为企业争创经济效益。

[重点要领]

教学重点

米粉面团的调制，面团配色，金鱼捏制手法。

操作要领

水量要控制，面团揉光洁。

配色按要求，比例要恰当。

捏制步骤要清晰，捏制手法要正确。

[拓展提升]

思维的拓展，技能的提升

一、思考回答

1. 米粉面团还可以制作哪些装饰品种？
2. 黏米粉是否可以用其他原料替代？
3. 金鱼戏水面塑一定要用长盘摆放吗？
4. 大家想一想金鱼戏水还有哪些形态。

二、作业

1. 每人回家捏制一款金鱼戏水的面塑。
2. 每人创意制作一款不同于金鱼戏水造型的面塑。

任务11　玉兔萝卜制作

[任务描述]

一盘点心除了口味和形态好以外，摆盘装饰也很重要。漂亮的盘饰可以激发大家的食欲。今天我们就来学用黏米粉加糯米粉和天然色素调制面团，跟着学捏玉兔萝卜面塑。

[学习目标]

1. 会调制米粉面团。
2. 会揉面、蒸制面团等。
3. 会配制所需色泽的面团。
4. 掌握作品捏制的基础操作技能。

[任务实施]

边看边想　边做边学　总结归纳　拓展提升

[边看边想]

相关知识介绍

你知道吗? 制作玉兔萝卜需要使用的用具、原料如下:

用　具: 骨针1把、剪刀1把。

原　料: 黏米粉60克、糯米粉20克、胡萝卜泥、胭脂红色素、抹茶粉、竹炭粉。

[知识链接]

用什么面团制作?

玉兔萝卜用黏米粉面团制作。

米粉面团采用怎样的调制工艺流程?

下粉掺水 —→ 拌和 —→ 揉搓 —→ 蒸面

用何种方法调制面团?

蒸制法。

[成品要求]

色泽: 本色。

形态: 逼真、大小对称。

摆放: 盛器选择, 适合位置。

[边做边学]

操作步骤

一、操作指南

 操作前准备

用具: 骨针1把、剪刀1把。

原料：黏米粉60克、糯米粉20克、胡萝卜泥、胭脂红色素、抹茶粉、竹炭粉。

🍲 步骤1 制团

序 号 Number	流 程 Step	图 解 Comment	安全/质量 Safety/Quality
1	将黏米粉混入糯米粉加42克冷水调制。		上笼蒸10分钟，成熟后冷却待用。
2	调成15克胡萝卜色面团、5克红色面团、5克绿色面团、2克黑色面团。		5克粉色面团，90克本色面团。调制时注意相互之间不要掺色。

🍲 步骤2 塑形

序 号 Number	流 程 Step	图 解 Comment	安全/质量 Safety/Quality
1	把本色面团一分为二，搓成水滴状，在1/4处压扁，用剪刀剪开。		按要求剪，注意不要剪到手。
2	贴上粉色面团做兔子耳朵，并用骨针刻出耳窝。		注意玉兔耳朵的位置。
3	在1/3处用骨针刻一圈，往上一翻使头部显现。		按要求操作，注意头部的位置。
4	在头部刻上眼窝，嵌入红色面团，再点上黑眼睛。在嘴部开成人字形刀口。		注意操作流程，眼睛的位置。

续表

序 号 Number	流 程 Step	图 解 Comment	安全/质量 Safety/Quality
5	剩余2/3捏出前肢，刻出后腿，剪出尾巴，拉出细爪。		按步骤要求捏制。
6	另外一只兔子同上述步骤捏制。两只兔子并排相拥，一只略抬起头，竖起耳。		在周边铺上若干用粉团制作的胡萝卜，起烘托作用。

二、实操演练

小组合作完成玉兔萝卜制作任务，参照表2-11中操作步骤与质量标准，进行小组技能实操训练，共同完成教师布置的任务，在制作中尽可能符合教师提出的质量要求。

（一）任务分配

1. 学生分为4组，每组发一套辅助原料及制作用具，学生先准备好天然色素，便于配制有色面团。

2. 学生自己调制面团，完成配料、掺水、揉面、成团等几个步骤。

3. 为学生提供炉灶、蒸笼，学生自己点燃煤气，调节火候，蒸熟面团，待面团冷却后进行配色，按要求捏制作品。

（二）操作条件

工作场地为一间30平方米的实训室，所需物品：炉灶4个、瓷盘8只、辅助工具8套、工作服15件、原材料等。

（三）操作标准

操作台面干净，配色恰当，外形像玉兔。

（四）安全须知

蒸制面团时小心火候，注意不要被锅中的水烫伤手，安全使用工具。

三、技能测评

表2-11

被评价者：_____

训练项目	训练重点	评价标准	小组评价	教师评价
玉兔萝卜捏制	配制面团	正确选择原料，按要求配制面团。	Yes□/No□	Yes□/No□
	调制面团	调制面团时，符合操作规范，面团软硬恰当。	Yes□/No□	Yes□/No□

续表

训练项目	训练重点	评价标准	小组评价	教师评价
玉兔萝卜捏制	蒸制面团	按照要求蒸制面团，掌握蒸制时间，注意操作安全。	Yes□/No□	Yes□/No□
	配制有色面团	配制方法正确，面团揉制均匀。	Yes□/No□	Yes□/No□
	捏制成形	按步骤操作，捏制手法正确，外形美观。	Yes□/No□	Yes□/No□
	摆放正确	正确选择盘子，摆放符合审美要求。	Yes□/No□	Yes□/No□

评价者：＿＿＿＿＿＿＿＿＿

日　　期：＿＿＿＿＿＿＿＿＿

[总结归纳]

总结教学重点，提炼操作要领

小组共同合作完成任务，通过玉兔萝卜的制作，掌握米粉面团的调制方法以及配色手法，把面团捏塑成玉兔，以后可以制作不同形态的面塑。在完成任务的过程中，学生学会共同合作，自己动手制作，把作品转化为产品，为企业争创经济效益。

[重点要领]

教学重点

米粉面团的调制，面团配色，玉兔捏制手法。

操作要领

水量要控制，面团揉光洁。
配色按要求，比例要恰当。
捏制步骤要清晰，捏制手法要正确。

[拓展提升]

思维的拓展，技能的提升

一、思考回答

1. 米粉面团还可以制作哪些装饰品种？
2. 黏米粉是否可以用其他原料来替代？
3. 玉兔萝卜面塑一定要用长盘摆放吗？
4. 大家想一想玉兔萝卜还有哪些形态。

二、作业

1. 每人回家捏制一款玉兔萝卜的面塑。
2. 每人创意制作一款不同于玉兔萝卜的面塑。

任务12　卡通龙制作

卡通龙

[任务描述]

一盘点心除了口味和形态好以外，摆盘装饰也很重要。漂亮的盘饰可以激发大家的食欲。今天我们就来学用黏米粉加糯米粉和天然色素调制面团，跟着学捏卡通龙面塑。

[学习目标]

1. 会调制米粉面团。
2. 会揉面、蒸制面团等。
3. 会配制所需色泽的面团。
4. 掌握作品捏制的基础操作技能。

[任务实施]

边看边想 —— 边做边学 —— 总结归纳 —— 拓展提升

[边看边想]

相关知识介绍

你知道吗？ 制作卡通龙需要使用的用具、原料如下：

用　具：骨针1把、剪刀1把。

原　料：黏米粉80克、糯米粉60克、胡萝卜泥、吉士粉、抹茶粉、红椒粉、墨鱼汁、靓蓝色素（食用）、白色糖膏团若干。

[知识链接]

用什么面团制作？

卡通龙用黏米粉面团制作。

米粉面团采用怎样的调制工艺流程？

下粉掺水 → 拌和 → 揉搓 → 蒸面

用何种方法调制面团？

蒸制法。

卡通龙制作1　　卡通龙制作2

[成品要求]

色泽：本色。

形态：逼真、大小对称。

摆放：盛器选择，适合位置。

卡通龙制作3

[边做边学]

操作步骤

一、操作指南

操作前准备

用具：骨针1把、剪刀1把。

原料：黏米粉80克、糯米粉60克、胡萝卜泥、吉士粉、抹茶粉、红椒粉、墨鱼汁、靓蓝色素（食用）、白色糖膏团若干。

步骤1　制团

序号 Number	流程 Step	图解 Comment	安全/质量 Safety/Quality
1	黏米粉混入糯米粉，加入75克清水调制成粉团。		上笼蒸10分钟，成熟后冷却待用。

续表

序 号 Number	流 程 Step	图 解 Comment	安全/质量 Safety/Quality
2	35克吉士粉团、45克胡萝卜粉团、15克抹茶粉团、15克靓蓝粉团，15克墨鱼汁粉团，剩余为本色面团。		7种色泽的面团摆放要有间距，以防串色。

🍲 步骤2　塑形

序 号 Number	流 程 Step	图 解 Comment	安全/质量 Safety/Quality
1	本色面团加入白色糖膏和红色面团做成带齿形的蛋壳，达到一定硬度待用。		注意面团的掺和，齿形蛋壳的制作。
2	取胡萝卜泥面团，揉成2个大的球形，大球贴上黑色的礼帽。		在眼窝里贴入白色粉团和黑色眼睛，再用黑色粉团做胡须装饰嘴部。
3	将白色糖膏团贴在大龙的身体上，分别装上四肢及尾巴。		在脸部贴上眼睛、胡须及粉色的小鼻子。
4	将蓝色粉团贴在大龙的身体上，刻上横条花纹，做出大龙的腹部。		在颈部装饰一个蝴蝶结，做出四肢和尾巴，装上爪子和尾刺，然后把大龙整理为坐姿。
5	用黄色面团捏制另外一条龙，按相同步骤完成。		在龙头上装上淡蓝色的龙角，在尾部贴上淡蓝色的尾刺。
6	最后做一条萌一点的小龙，装饰在蛋壳中。作品完成。		注意摆放的位置，根据点心的形状，将卡通龙摆放在适合的位置，体现整盘美观效果。

二、实操演练

小组合作完成卡通龙制作任务，参照表2-12中操作步骤与质量标准，进行小组技能实操训练，共同完成教师布置的任务，在制作中尽可能符合教师提出的质量要求。

（一）任务分配

1. 学生分为4组，每组发一套辅助原料及制作用具，学生先准备好天然色素，便于配制有色面团。

2. 学生自己调制面团，完成配料、掺水、揉面、成团等几个步骤。

3. 为学生提供炉灶、蒸笼，学生自己点燃煤气，调节火候，蒸熟面团，待面团冷却后进行配色，按要求捏制作品。

（二）操作条件

工作场地为一间30平方米的实训室，所需物品：炉灶4个、瓷盘8只、辅助工具8套、工作服15件、原材料等。

（三）操作标准

操作台面干净，配色恰当，外形像卡通龙。

（四）安全须知

蒸制面团时小心火候，注意不要被锅中的水烫伤手，安全使用工具。

三、技能测评

表2-12

被评价者：_____

训练项目	训练重点	评价标准	小组评价	教师评价
卡通龙捏制	配制面团	正确选择原料，按要求配制面团。	Yes□/No□	Yes□/No□
	调制面团	调制面团时，符合操作规范，面团软硬恰当。	Yes□/No□	Yes□/No□
	蒸制面团	按照要求蒸制面团，掌握蒸制时间，注意操作安全。	Yes□/No□	Yes□/No□
	配制有色面团	配制方法正确，面团揉制均匀。	Yes□/No□	Yes□/No□
	捏制成形	按步骤操作，捏制手法正确，外形美观。	Yes□/No□	Yes□/No□
	摆放正确	正确选择盘子，摆放符合审美要求。	Yes□/No□	Yes□/No□

评价者：_____

日　期：_____

[总结归纳]

总结教学重点，提炼操作要领

　　小组共同合作完成任务，通过卡通龙的制作，掌握米粉面团的调制方法以及配色手法，把面团捏塑成卡通龙，以后可以制作不同形态的面塑。在完成任务的过程中，学生学会共同合作，自己动手制作，把作品转化为产品，为企业争创经济效益。

[重点要领]

教学重点

米粉面团的调制，面团配色，卡通龙捏制手法。

操作要领

水量要控制，面团揉光洁。
配色按要求，比例要恰当。
捏制步骤要清晰，捏制手法要正确。

[拓展提升]

思维的拓展，技能的提升

一、思考回答

　　1. 米粉面团还可以制作哪些装饰品种？
　　2. 黏米粉是否可以用其他原料替代？
　　3. 卡通龙面塑一定要用长盘摆放吗？
　　4. 大家想一想卡通龙还有哪些形态。

二、作业

　　1. 每人回家捏制一款卡通龙的面塑。
　　2. 每人创意制作一款不同于卡通龙的面塑。

任务13　卡通熊制作

[任务描述]

　　一盘点心除了口味和形态好以外，摆盘装饰也很重要。漂亮的盘饰可以激发大家的食欲。今天我们就来学用黏米粉加糯米粉和天然色素调制面团，跟着学捏卡通熊面塑。

卡通熊

[学习目标]

1. 会调制米粉面团。
2. 会揉面、蒸制面团等。
3. 会配制所需色泽的面团。
4. 掌握作品捏制的基础操作技能。

[任务实施]

[边看边想]

相关知识介绍

你知道吗？制作卡通熊需要使用的用具、原料如下：

用　具：骨针1把、剪刀1把。

原　料：黏米粉80克、糯米粉60克、吉士粉、抹茶粉、可可粉、红椒粉、墨鱼汁、糖膏团若干。

[知识链接]

用什么面团制作？

卡通熊用黏米粉面团制作。

米粉面团采用怎样的调制工艺流程？

下粉掺水 → 拌和 → 揉搓 → 蒸面

用何种方法调制面团？

蒸制法。

[成品要求]

色泽：本色。

形态：逼真、大小对称。

摆放：盛器选择，适合位置。

卡通熊制作

125

[边做边学]

操作步骤

一、操作指南

 操作前准备

用具：骨针1把、剪刀1把。

原料：黏米粉80克、糯米粉60克、吉士粉、抹茶粉、可可粉、红椒粉、墨鱼汁、糖膏团若干。

步骤1 制团

序 号 Number	流 程 Step	图 解 Comment	安全/质量 Safety/Quality
1	将黏米粉混入糯米粉，加入75克清水调制成粉团。		上笼蒸10分钟，成熟后冷却待用。
2	35克吉士粉团、55克可可粉团、45克抹茶粉团、25克红椒粉团、45克本色粉团。		不同色泽面团摆放要有间距，以防串色。

步骤2 塑形

序 号 Number	流 程 Step	图 解 Comment	安全/质量 Safety/Quality
1	45克抹茶粉团混入少许吉士粉团做草坪底座。		用本色粉团加红椒粉团做小花点缀在上面，放入烘箱低温烘烤，达到一定硬度待用。

序 号 Number	流 程 Step	图 解 Comment	安全/质量 Safety/Quality
2	取可可粉团揉成8个大小不一的球形，选择大球做熊的脑袋，贴上半圆形耳朵。		在耳窝中贴入吉士粉团，在大熊的脸部贴上眼睛，在嘴部贴上白色的糖膏团，再贴上黑色小鼻子。
3	用白色糖膏团贴在大熊的身体上，分别装上四肢及尾巴。		在熊脸部贴上眼睛、胡须及粉色的小鼻子。
4	大熊呈趴在地上的形状。		用粉色面团（白＋红）做成小熊（步骤同大熊），完成后趴在大熊身上。
5	用吉士粉团做一只圆鼓鼓的小鸡，贴上红色嘴巴、橙色的爪子、黑色的眼睛。		按要求选择4种不同面团，贴在不同的位置。
6	把3个卡通小动物放在烤好的草坪上组合完成。		在大熊的耳朵边再插上一朵大花，作品完成。

二、实操演练

小组合作完成卡通熊制作任务，参照表2-13中操作步骤与质量标准，进行小组技能实操训练，共同完成教师布置的任务，在制作中尽可能符合教师提出的质量要求。

（一）任务分配

1. 学生分为4组，每组发一套辅助原料及制作用具，学生先准备好天然色素，便于配制有色面团。

2. 学生自己调制面团，完成配料、掺水、揉面、成团等几个步骤。

3. 为学生提供炉灶、蒸笼，学生自己点燃煤气，调节火候，蒸熟面团，待面团冷却后进行配色，按要求捏制作品。

（二）操作条件

工作场地为一间30平方米的实训室，所需物品：炉灶4个、瓷盘8只、辅助工具8套、工作服15件、原材料等。

（三）操作标准

操作台面干净，配色恰当，外形像卡通熊。

（四）安全须知

蒸制面团时小心火候，注意不要被锅中的水烫伤手，安全使用工具。

三、技能测评

表2-13

被评价者：_____

训练项目	训练重点	评价标准	小组评价	教师评价
卡通小熊捏制	配制面团	正确选择原料，按要求配制面团。	Yes□/No□	Yes□/No□
	调制面团	调制面团时，符合操作规范，面团软硬恰当。	Yes□/No□	Yes□/No□
	蒸制面团	按照要求蒸制面团，掌握蒸制时间，注意操作安全。	Yes□/No□	Yes□/No□
	配制有色面团	配制方法正确，面团揉制均匀。	Yes□/No□	Yes□/No□
	捏制成形	按步骤操作，捏制手法正确，外形美观。	Yes□/No□	Yes□/No□
	摆放正确	正确选择盘子，摆放符合审美要求。	Yes□/No□	Yes□/No□

评价者：_____

日　期：_____

[总结归纳]

总结教学重点，提炼操作要领

小组共同合作完成任务，通过卡通熊的制作，掌握米粉面团的调制方法以及配色手法，把面团捏塑成卡通熊，以后可以制作不同形态的面塑。在完成任务的过程中，学生学会共同合作，自己动手制作，把作品转化为产品，为企业争创经济效益。

[重点要领]

教学重点

米粉面团的调制，面团配色，卡通熊捏制手法。

操作要领

水量要控制，面团揉光洁。
配色按要求，比例要恰当。
捏制步骤要清晰，捏制手法要正确。

[拓展提升]

思维的拓展，技能的提升

一、思考回答

1. 米粉面团还可以制作哪些装饰品种？

2. 黏米粉是否可以用其他原料替代？

3. 卡通熊面塑一定要用长盘摆放吗？

4. 大家想一想卡通熊还有哪些形态。

二、作业

1. 每人回家捏制一款卡通熊的面塑。

2. 每人创意制作一款不同于卡通熊的面塑。

任务14　卡通狗制作

[任务描述]

卡通狗制作

一盘点心除了口味和形态好以外，摆盘装饰也很重要。漂亮的盘饰可以激发大家的食欲。今天我们就来学用黏米粉加糯米粉和天然色素调制面团，跟着学捏卡通狗面塑。

[学习目标]

1. 会调制米粉面团。

2. 会揉面、蒸制面团等。

3. 会配制所需色泽的面团。

4. 掌握作品捏制的基础操作技能。

[任务实施]

边看边想　　边做边学　　总结归纳　　拓展提升

[边看边想]

相关知识介绍

你知道吗？制作卡通狗需要使用的用具、原料如下：

用　具：骨针1把、剪刀1把。

原　料：黏米粉80克、糯米粉60克、可可粉、抹茶粉、红椒粉、墨鱼汁、白色糖膏团若干。

[知识链接]

用什么面团制作？

卡通狗用黏米粉面团制作。

米粉面团采用怎样的调制工艺流程？

下粉掺水 → 拌和 → 揉搓 → 蒸面

用何种方法调制面团？

蒸制法。

[成品要求]

色泽：本色。

形态：逼真、大小对称。

摆放：盛器选择，适合位置。

卡通狗制作1　　卡通狗制作2

[边做边学]

操作步骤

制团 → 塑形

一、操作指南

操作前准备

用具：骨针1把、剪刀1把。

原料：黏米粉80克、糯米粉60克、可可粉、抹茶粉、红椒粉、墨鱼汁、白色糖膏团若干。

步骤1　制团

序　号 Number	流　程 Step	图　解 Comment	安全/质量 Safety/Quality
1	将黏米粉混入糯米粉，加入75克清水调制成粉团。		上笼蒸10分钟，成熟后冷却待用。
2	35克可可粉面团、15克抹茶粉团、5克红色粉团、15克墨鱼汁粉团，剩余为本色面团。		不同色泽面团摆放要有间距，以防串色。

步骤2　塑形

序　号 Number	流　程 Step	图　解 Comment	安全/质量 Safety/Quality
1	取本色粉团加入白色糖膏，揉成2个大的球形，大球做成狗的头部。		面团分割均匀，按要求操作。
2	用可可粉做狗耳朵，在耳朵上刻上花纹，自然往里翻卷。		在眼部贴上一块棕色花纹，在眼窝处贴入白色粉团和黑色眼睛，再用黑色粉团做鼻子。
3	用红色面团在嘴部蘸水染色，在上面点上胡须。		找准嘴部，染成红色。
4	用可可粉团贴在狗的身体上，刻上横条花纹做尾巴。		按步骤操作。

续表

序 号 Number	流 程 Step	图 解 Comment	安全/质量 Safety/Quality
5	先做出四肢，装上爪子和花纹，然后把狗整理为趴下的姿势。		另外一条狗按相同步骤完成捏制，在头部装上一点棕色花纹，整理成半蹲状。
6	做一根小骨头，把2只狗放在盘中，放上骨头，作品完成。		注意摆放的位置，根据点心的形状，将狗摆放在适合的位置，体现整盘美观效果。

二、实操演练

小组合作完成卡通狗制作任务，参照表2-14中操作步骤与质量标准，进行小组技能实操训练，共同完成教师布置的任务，在制作中尽可能符合教师提出的质量要求。

（一）任务分配

1. 学生分为4组，每组发一套辅助原料及制作用具，学生先准备好天然色素，便于配制有色面团。

2. 学生自己调制面团，完成配料、掺水、揉面、成团等几个步骤。

3. 为学生提供炉灶、蒸笼，学生自己点燃煤气，调节火候，蒸熟面团，待面团冷却后进行配色，按要求捏制作品。

（二）操作条件

工作场地为一间30平方米的实训室，所需物品：炉灶4个、瓷盘8只、辅助工具8套、工作服15件、原材料等。

（三）操作标准

操作台面干净，配色恰当，外形像卡通狗。

（四）安全须知

蒸制面团时小心火候，注意不要被锅中的水烫伤手，安全使用工具。

三、技能测评

表2-14

被评价者：＿＿＿＿＿＿＿＿

训练项目	训练重点	评价标准	小组评价	教师评价
卡通狗捏制	配制面团	正确选择原料，按要求配制面团。	Yes□/No□	Yes□/No□
	调制面团	调制面团时，符合操作规范，面团软硬恰当。	Yes□/No□	Yes□/No□

训练项目	训练重点	评价标准	小组评价	教师评价
卡通狗捏制	蒸制面团	按照要求蒸制面团，掌握蒸制时间，注意操作安全。	Yes□/No□	Yes□/No□
	配制有色面团	配制方法正确，面团揉制均匀。	Yes□/No□	Yes□/No□
	捏制成形	按步骤操作，捏制手法正确，外形美观。	Yes□/No□	Yes□/No□
	摆放正确	正确选择盘子，摆放符合审美要求。	Yes□/No□	Yes□/No□

评价者：_____

日　期：_____

[总结归纳]

总结教学重点，提炼操作要领

　　小组共同合作完成任务，通过卡通狗的制作，掌握米粉面团的调制方法以及配色手法，把面团捏塑成卡通狗，以后可以制作不同形态的面塑。在完成任务的过程中，学生学会共同合作，自己动手制作，把作品转化为产品，为企业争创经济效益。

[重点要领]

教学重点

米粉面团的调制，面团配色，卡通狗捏制手法。

操作要领

水量要控制，面团揉光洁。
配色按要求，比例要恰当。
捏制步骤要清晰，捏制手法要正确。

[拓展提升]

思维的拓展，技能的提升

一、思考回答

　　1.米粉面团还可以制作哪些装饰品种？
　　2.黏米粉是否可以用其他原料替代？
　　3.卡通狗面塑一定要用长盘摆放吗？
　　4.大家想一想卡通狗还有哪些形态。

二、作业

1. 每人回家捏制一款卡通狗的面塑。
2. 每人创意制作一款不同于卡通狗的面塑。